U0151583

风口上的预制菜

预见未来的**30**条黄金法则

杨洪 著

中国轻工业出版社

图书在版编目（CIP）数据

风口上的预制菜 / 杨洪著. —— 北京：中国轻工业
出版社, 2023.5
　　ISBN 978-7-5184-4379-6

　　Ⅰ.①风…　Ⅱ.①杨…　Ⅲ.①菜谱—中国
Ⅳ.①TS972.182

中国国家版本馆CIP数据核字（2023）第031260号

责任编辑：方　晓　　责任终审：张乃柬　　整体设计：水长流
策划编辑：史祖福　　责任校对：宋绿叶　　责任监印：张　可

出版发行：中国轻工业出版社（北京东长安街 6 号，邮编：100740）

印　　刷：北京君升印刷有限公司

经　　销：各地新华书店

版　　次：2023年5月第1版第1次印刷

开　　本：880×1230　1/32　印张：6.75

字　　数：200千字

书　　号：ISBN 978-7-5184-4379-6　定价：68.00元

邮购电话：010-65241695

发行电话：010-85119835　传真：85113293

网　　址：http://www.chlip.com.cn

Email: club@chlip.com.cn

如发现图书残缺请与我社邮购联系调换

221460K1X101ZBW

PREFACE 序言1

预见未来，任重道远

得悉杨洪老师新书即将出版的消息，我既欣喜敬佩，又期待好奇。他的这本新书《风口上的预制菜》，是预制菜行业首本营销类教科书，而我们"盖世食品"是预制凉菜上市品牌，也是预制菜行业头部企业之一，我本人则是预制菜领域的一名"老兵"。

我第一时间认真阅读学习了杨洪老师传来的电子书稿。读完后，一个关键词萦绕脑海，这个词就是：答案！《风口上的预制菜》聚焦品牌与营销两个维度，以外部视角、独立角度解读、揭露了预制菜产业高速发展的现状，以及行业烈火烹油式繁荣背后的隐忧，并且客观生动地剖析了许多真实案例，还结合具体案例给出了解决问题的方法论……我读此书有一种感觉，即明明全书都在提问题，却给人"满纸都是答案"的印象，读之解渴、读之释疑。

不识庐山真面目，只缘身在此山中。我虽长期奋战在预制菜产业一线，但对行业发展及未来前景仍有一些迷茫之处，读过杨洪老师这本新书，豁然开朗，很多疑惑、迷茫一下子通透了。在此，我向愿与广大读者分享如此之多干货的杨洪老师，表达崇高敬意与真挚感谢。另外，《风口上的预制菜》多次提到盖世食品及盖世食品作为专业预制菜企业率先上市事件，让我深感荣幸。在此一并表达感谢。

预制菜产业迅猛发展，已然成为新时代中国消费经济最强劲风口之一，而风口之上的预制菜产业期待更强大的专业理论支撑，呼唤第一本专业书尽快问世。说实话，我曾担心这本预制菜行业千呼万唤的专业书，会被外行作家抢先，现在好了，杨洪老师不是"外人"，而是预制菜行业的"内人"，内行人！近些年来，杨洪老师一直深入预制菜产业前沿，他参加关于预制菜的大会、论坛，做预制菜话题专栏，撰写餐饮方面观察文章，深度服务于预制菜 B 端和 C 端用户……因此，创作这"第一本书"的重任与荣光非他莫属。

预制菜是一个方兴未艾的产业，也是一个影响未来的产业。透过该产业，可以预见未来更加简约便捷的生活方式，捕捉创造财富及价值的机会，锁定高效创业的正确方向……从这个角度来说，我认为，杨洪老师的新书既是一本专业书，也是一个机遇窗口，一个触发灵感的介质，值得捧起来认真读一读，有助于达成诸位所期所愿。

是为序。

大连盖世健康食品股份有限公司董事长

中国藻业协会副会长

中国饭店协会预制菜委员会副理事长

盖泉泓

2023 年 3 月

PREFACE 序言2

超级产业，定位制胜

大产业催生大机会，催生大竞争。

民以食为天，预制菜注定会是一个超级产业，发展空间巨大。这也预示着预制菜行业的竞争定将愈演愈烈，定会成为中国市场同质化竞争最为激烈的产业之一。

在这样一个如此庞大的超级产业中，如何针对竞争确立自身优势位置，找到能够成为第一的细分领域，成功立足，突围竞争，成为当下预制菜产业的企业家必须思考的重大战略课题。

东极定位作为一家专门为企业确立战略定位的专业机构，一直对预制菜产业的品牌打造有所关注，并多次发表相关专业观点。近两年，多家预制菜产业头部企业也都曾与东极定位探讨，如何在预制菜行业确立自身战略定位，打造强势民族品牌。

从特劳特定位理论来看，在超级产业打造强势品牌，一定要抓住全局性战略机会。一定程度上，产业规模庞大、细分领域众多，是预制菜赛道的最大特点。这意味着预制菜产业注定会催生出多个百亿级、甚至千亿级品牌的战略定位机会。对于有远大志向的头部预制菜企业来说，一定要厘清并抓住预制菜产业的最大战略机会、最佳战略位置。

例如在互联网产业，门户网站搜狐曾是中国最大的互联网企业，张朝阳也被誉为中国的互联网教父。但是，对中国互联网产业影响最大的、最为成功的企业却是 BAT [中国互联网三巨头：百度（Baidu）、阿里巴巴集团（Alibaba）、腾讯公司（Tencent），简称 BAT]。根本原因在于，门户网站只是互联网这个超级产业的次要矛盾、次要战略机会，而信息、社交、电商才是互联网产业的三大支柱，催生出百度、腾讯和阿里巴巴。

再例如中国的汽车产业，长城汽车通过实施品类细分与聚焦战略，成功打造哈弗品牌，在经济型 SUV 细分领域取得全球规模领先的市场地位。但是，近几年中国汽车产业最为成功的、增势最猛的企业莫过于比亚迪，比亚迪已经远远甩开了长城汽车。根本原因在于，比亚迪率先坚定布局新能源汽车这一颠覆性的领域，在整体战略层面获取巨大竞争优势。毫无疑问，未来相当长的时间里，长城、吉利都很难在汽车产业与比亚迪相互匹敌。

在中国的手机产业，小米手机无疑是中国乃至全球最为优秀的手机厂商之一，仅仅十年时间就从一个创业公司成功跻身世界 500 强。然而，华为手机强势崛起，在品牌竞争势能与溢价能力上大幅甩开小米。核心原因在于"雷布斯"（小米科技创始人雷军）未能推动小米持续进攻、对标第一品牌苹果手机，未能与iPhone形成竞争纠缠效应，错失用户心智端数一数二的最大战略定位机会。随着华为Mate系列强势发力，华为在高端手机市场鲜明对标挑战苹果手机，从而与iPhone形成有效竞争，成为用户心智中两大智能手机品牌之一。

互联网、汽车、手机，均与预制菜产业类似，同属于规模庞大、竞争激烈的超级产业。通过简要回顾这些超级产业的商战发展历程可以发现，抓住那些能够影响产业全局的重大战略定位机会，对于头部企业打造强势品牌、保持领先地位来说至关重要。

这也意味着，超级产业的企业之间的竞争注定是战略之争占主导，而非单纯的管理与运营之争。谁能率先准确抓住最大战略机会，率先明晰正确发展方向，谁将在整体布局与资源配置上获取巨大竞争优势。简而言之，企业竞争的关键是决策层的认知之争、思想之争，超级产业更是如此。

杨洪老师的新书《风口上的预制菜》是预制菜产业的第一本品牌营销类专业书籍，专门就如何在预制菜产业打造品牌，总结出一系列更有针对性的特殊规律与宝贵经验，系统性与专业性很强，非常值得预制菜产业的企业家与品牌营销人士阅读

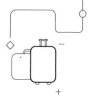

参考。

　　最后，希望预制菜产业的头部企业均能像华为、比亚迪等超级产业的领军企业一样，能够有效针对竞争环境，明确自身优势与最佳战略定位，打造出国人为之骄傲的世界级民族品牌。

东极定位创始人

王博

2023 年 3 月

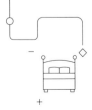

PREFACE 自序

— 关于预制菜的第一本书 —

预制菜有多火？目前全国有超过 7 万多家预制菜注册企业，仅 2020 年新注册企业就超过万家，为 12,984 家。同时，预制菜也备受资本青睐，2021 年发生的融资事件就多达 23 起，是近 8 年平均值的 3 倍。尤以舌尖英雄单笔融资 16 亿，以及味知香、盖世食品两家专业预制菜企业的上市备受大家关注。与按捺不住的资本相比，多地政府也是出台相关政策，都想在"预制菜之都"称谓上博得头彩。

笔者也大概回顾了一下，近两年应邀出席过的关于预制菜的大会和论坛就有六七场。如果算上被拒绝的、时间不凑巧和因其他客观原因取消的，应该能凑够"十二生肖"了。在会上听得最多的一句话就是，没有哪家预制企业不想成为 Sysco（美国西斯科公司）。

在大家对预制菜的未来寄予美好期待的同时，诸多问题也开始逐一显现出来。

其中，关于预制菜的定义目前还缺乏一个相对权威的标准，所以关于预制菜行业规模的数据也存在争议。另外，随着曾经闹得沸沸扬扬的一部分"先驱者"似有失败之势，触发大家产生"预制菜是真火还是虚火"的疑问。还有，大家都想成为中国版的 Sysco，我们对其又有多了解呢？它又有哪些地方值得大家借鉴呢？

在此就不一一列举，关于预制菜的诸多疑问，相信在本书都能找到答案。

笔者平时在做品牌战略咨询之余，也时常为部分媒体撰写一些关于餐饮方面的深度观察稿，其中不乏像"红餐网"这类的餐饮头部自媒体。2022 年 9 月，应《四川烹饪》杂志社田道华总编辑之邀，笔者为其杂志策划一个关于预制菜话题的专栏。因为在这之前，他们杂志零星发表过几篇笔者撰写的预制菜文章，读者的反响都很不错。再联想到平时在给预制菜行业做分享和服务客户的过程中，发现大家对预制菜缺乏较为系统和更深入的认知，索性就起了写一本关于预制菜行业图书的念头。

原本以为，凭笔者对这个行业的了解，以及曾服务过该行业从事 B 端和 C 端业务的两个客户，这本书写起来应该挺简单，然而事实并非如此。一则，该行业目前没有太多可供参考的文献；二是，在对接某些品牌过程中，大家似乎比较保守，对于某些敏感话题三缄其口。

所以，本书在确保相关数据和素材真实的前提下，对书中所涉及的案例品牌，放弃了采访（虽然大部分笔者已有联系方式）。在相关内容完成后，更没有找他们阅稿。想法很简单：一是，关于这些品牌的好与坏，都能很客观地展现；二是，在探寻他们问题的过程中，希望也能为行业带来一些前车之鉴。

再三思考后，决定还是聚焦品牌和营销两个维度，以独立思考角度，通过外部视角，为广大读者带来关于预制菜行业实实在在的"干货"。

于是便有了这本预制菜行业首本营销类教科书。

在国内预制菜即将全面进入选择暴力的时代，如何成为引领者而不是失败者，相信这本书会告诉你答案！

比如关于预制菜的定义，预制菜是后厨工业革命的衍生品；关于 Sysco 如何做到一骑绝尘，其中品牌战略和并购策略是核心，也是我们能够借鉴和学习的地方；书中还写到西贝经营餐厅很成功，在预制菜方面显得差强人意，或许是对定位的不重视；针对 C 端预制菜叫卖不叫座的根源，答案是消费者对"预制菜"这个品类存在心智认知差异；书中还为我们揭秘美好小酥肉、信良记小龙虾爆火的背后，是基于对爆品打造的足够认知；2022 年安井食品在预制菜板块，以两位数的增速远高于同行，最大的原因是抢夺了同行的市场份额；美国和日本预制菜的成熟分别经历了约 90 年和 60 年，在书中笔者预言我国预制菜还有不到 8 年时间就会迎来成熟期……

一共有三十个关于预制菜问题的答案，贯穿全书。笔者也是按照这个逻辑，采取由浅入深的方式，案例与方法论相结合，让你在轻松阅读中，找到全部答案。

最后，这本书能够成功出版，有感谢也有遗憾。

特别感谢《四川烹饪》杂志社总编辑田道华先生，从选题到对接出版社给予笔者的大力支持。

感谢中国轻工业出版社史祖福老师的慧眼识珠，以及其团队的辛勤付出。

感谢我们团队的创意总监辉哥，是你服务客户的精彩案例，成就了书中的干货内容。

当笔者为本书作序之时，恰逢过小年。当天的重庆中心城区，时隔 7 年再度迎来雪花纷飞，大家纷纷走到屋外，欣赏这难得的雪景。

在此借瑞雪兆丰年的吉庆，愿看到本书的预制菜企业：都能迎来成功之花悄然开放，希望之羽顺利展开。那时的你定将催马扬鞭，已站在成功之巅！

杨洪

2023 年 1 月 15 日于重庆

目录CONTENTS

第一章
预制菜的前生今世

当下，餐饮赛道什么最火？毋庸置疑当数预制菜。相关数据显示，2021年至 2022 上半年预制菜领域共计发生 40 余起融资项目，单轮融资金额高达 16 亿。除了资本的追捧，预制菜企业如雨后春笋般涌现，仅 2022 年 1—6 月就新增注册企业 1,020 余家。预制菜论坛、展会也在多地如火如荼举办，地方政府争先恐后打造百亿级、千亿级预制菜产业园，都想在"预制菜之都"称号上博得头彩。

有人认为预制菜其实就是换了个称呼，重新取了个名字。比如以前餐饮用的半成品菜或成品菜，就是大家今天说的预制菜。大家都熟悉的一个产品——午餐肉，在火锅店的售卖已经存在了数十年。

自从有了预制菜这个新名词后，有的人觉得预制菜似乎可以包罗万象，更有甚者觉得目前超市里所有预包装食品都可以划入预制菜。这就造成预制菜与传统预包装食品模糊了界限，甚至让人分不清，丈二和尚摸不着头脑。

究竟什么是预制菜？预制菜又是从何而来？预制菜的现状及问题有哪些？本章从这几个维度，为大家勾勒出一幅关于预制菜全面认知的画像。

一　何谓预制菜

1 预制菜的定义

对于预制菜，业内尚未形成十分统一、标准的定义。目前关于预制菜的定义，一是参照中国烹饪协会团体标准《预制菜》；二是依据中国食品工业协会公布的预制菜标准。

2022 年 6 月 2 日，由中国烹饪协会与湛江国联水产开发股份有限公司牵头立项，农业农村部食物与营养发展研究所、检科测试集团有限公司、北京眉州东坡、益海嘉里金龙鱼央厨研究院、联合利华饮食策划、北京快客利、广东建发、安徽同庆楼、上海杨国福、山东蓝海、甘肃和家和、河南冻立方传媒、昆明天天向上等来自不同地区、餐饮各业态和产业链企业以及研究机构共同参与起草的中国烹饪协会团体标准《预制菜》正式发布。

其中标准中对预制菜进行了定义："以一种或多种农产品为主要原料，运用标准化流水作业，经预加工（如分切、搅拌、腌制、滚揉、成形、调味等）和/或预烹调（如炒、炸、烤、煮、蒸等）制成，并进行预包装的成品或半成品菜肴。"

从中国烹饪协会关于预制菜的定义，我们可以看到三个关键信息：类似于哲学三问"我是谁，我从哪里来，我要到哪里去？"

第一个信息就是，我从哪里来？首先定义了预制菜原材料的范围，以一种或多种农产品作为主要原材料。根据《中华人民共和国农产品质量安全法》中关于农产品的界定，是指来源于种植业、林业、畜牧业和渔业等的初级产品，即在农业活动中获得的植物、动物、微生物及其产品。根据这个定义我们就可以非常明确我们预制菜的原材料主要源于我们日常生活中可直接或间接食用的蔬菜、瓜果；粮油作物（小麦、稻谷、杂粮等）；畜牧产品自身（猪、牛、羊等）及附属产品（牛奶、羊奶等）；还有就是水产品（淡水、海水和滩涂养殖的动植物类）。

第二个信息就是，我要到哪里去？其次是对这些源自农产品的原料，在加工成预制菜之前的加工环节做了相关定义。通过其对加工环节的描述可以看出，有的预制菜只需经过如分切、搅拌、腌制、滚揉、成形、调味等即可成为成品，比如火锅店常用的麻辣牛肉、虾滑就属于这一类。而有的预制菜还要经过第二步工序如炒、炸、烤、煮、蒸等才能完成，像梅菜扣肉、午餐肉、小酥肉。

有了"我从哪里来""我要到哪里去"的定义后，那么"我是谁"的问题就迎刃而解了。第三个信息就是对于预制菜成品进行了定义，预包装后的成品或半成品菜肴。至于是成品还是半成品这个不重要，只是形式不同而已。重要的是"菜肴"二字，也就是说预制菜的雏形是一道菜。这个非常关键，这样就能解答超市货架上琳琅满目的预包装食品哪些属于预制菜、哪些不属于预制菜的范畴。

看完中国烹饪协会对预制菜的定义后，我们来看看中国食品工业协会关于预制菜的定义。

国联证券 2022 年 9 月 8 日发布的"预制菜报告"里引用中国食品工业协会标准，预制菜指以一种或多种食品原辅料，配以或不配以调味料等辅料（含食品添加剂），经预选、调制、成形、包装、速冻等工艺加工而成，并在冷链条件下进行贮存、运输及销售的菜肴，是介于自行烹饪和外卖之间、食品和餐饮之间的一种正餐级的解决方案。

中国食品工业协会关于预制菜的定义和中国烹饪协会还是有一定区别。首先是关于原料，中国食品工业协会定义为一种或多种食品原辅料。第二点不同之处在于预制菜在加工、贮存和运输环节的冷链要求。第三点不同勾勒了预制菜的消费场景，那就是介于自行烹饪和外卖之间、食品和餐饮之间的一种正餐级的解决方案。从这些信息中我们看出中国食品工业协会关于预制菜的定义更倾向于食品类的属性。

至于预制菜究竟更靠近餐饮属性还是食品属性，没必要就这个问题做深入讨论。因为随着当下餐饮不断的迭代升级，餐饮与食品之间的融合渗透愈发频繁。

接下来说说我们在实际服务餐饮、食品、预制菜客户过程中，我们对于预制菜的理解。

2 对预制菜的理解

关于预制菜的理解，我们认为一个很重要的指标，那就是"预制菜，后厨工业革命的衍生品"。

如何理解这句话？首先是关于后厨，即预制菜的雏形是源于餐厅后厨，可以理解为餐饮后厨烹制的一道菜品。其次是工业革命，意味着预制菜诞生的原因，是随着餐饮人力成本、房租成本等不断攀升，为了实现最大坪效、人效以及快速出餐，预制菜开始萌芽。最后关于衍生品，衍生品（Derivative Products）原本出自金融，衍生产品是一种金融工具，一般表现为两个主体之间的一个协议，其价格由其他基础产品的价格决定。并且有相应的现货资产作为标的物，成交时不需立即交割，而可在未来时点交割。典型的衍生品包括期货、期权和互换等。

"成交时不需立即交割，而可在未来时点交割。"这句话就能把预制菜解释得很形象生动了。即预制菜生产出来后，不是像传统后厨烹饪的菜品，立马送到餐桌进入顾客嘴里。而是通过渠道的流通，当顾客需要的时候，预制菜具备了立即成菜的交付条件。有了这个定义后，就很容易解释清楚预制菜为什么是后厨工业革命的衍生品了。

根据这个定义，我们从食材选择到加工方式、流通渠道，到最终呈现到顾客面前的几个重点环节，进行了分割和解剖，使其更加具象。

❖产品来源雏形：源于传统烹饪方式现场全流程完成的一道菜肴，现通过食品加工完成部分或全部烹饪流程，以适应不断更迭的餐饮现场出餐需求或适应现代化家庭餐桌消费的一种烹调进化方式。

❖产品加工方式：在遵从和还原传统烹饪方式，如食材通常在厨房现切、现调味到现炒、现炸或现蒸等前提下，用现代食品加工方式和工艺进行批量化生产的过程。

❖产品销售渠道：一部分产品通过 B 端（主要是餐饮渠道）售卖给消费者，另一部分通过零售渠道直接向 C 端（顾客）销售。

❖产品消费场景：无论通过 B 端还是 C 端将产品售卖给消费者，但消费场景主要还是以餐桌就餐形式完成。

❖产品口味属性：既然源于传统餐饮烹饪的一道菜，自然应最大限度还原对应菜品口味，而且尽最大可能减少现场烹饪使用以外的调味料以及食品添加剂。

经过梳理后，相信读者对预制菜的定义就有了比较清楚的认知，有了这个认知就能更好分辨预制菜和普通预包装食品的差别了。

3 预制菜的分类

根据使用方式和场景，预制菜分为四大类：即食类、即热类、即烹类、即配类。

❖即食类，指已经在工厂完成这道菜全部烹饪方式后包装完成的产品，开封后可以直接食用的预制调理制品，这类产品通常以常温产品为主。包装形式以罐头、液氮短保形式呈现，比如：经过高温蒸煮杀菌的听装午餐肉以及周黑鸭售卖的短保盒装卤制品。而商超里售卖的常温、长保质期，例如泡椒凤爪、火腿肠等，应将其划归传统预包装食品范畴，而不能用预制菜这个大帽子将其一网打尽。

❖即热类，这道菜也是已经在工厂完成全部烹饪方式后已是成品菜后完成包装的产品，只需经过加热即可食用的食品，这类产品从存储、运输到销售过程大多以冷链状态下进行。比如：眉州东坡酒楼旗下王家渡食品生产的梅菜扣肉、东坡肘子以及新希望六和食品的美好小酥肉等。当然，当下外卖店普遍采取的各种快餐料理包也属于这一类别，但这类产品为了节约食材成本以及物流成本，在添加剂方面的使用也遭到广大消费者诟病，这也是许多反对预制菜的声音主要来源之一。

❖即烹类，指在工厂经过调理，完成食材一个或多个环节的预加工，比如通过分切、搅拌、腌制、滚揉、成形、调味等但并未完成成品菜的全部加工环节。这类产品大多采取按份分装冷冻、冷藏条件下保持的半成品材料，然后经过二次烹饪完成成菜的最后一个环节。如火锅店里常见的麻辣牛肉、嫩牛肉、虾滑以及火锅丸子类。还有就是在预制菜这个说法出来之前，早已进入我们日常餐桌生活的速冻饺子和汤圆也属于这一类。

❖即配类，市面上关于预制菜的分类还有包括即配类，即经过清洗、分切、速冻等工序而成的半成品配菜原料。对于这个分类笔者是持保留意见的，准确地说笔者认为它不应该被纳入预制菜范畴。经过前面的分析，虽然预制菜里有菜这个字，但并不是指广义的菜市场里的原材料的菜。关于预制菜笔者更倾向于要经过烹饪方式作为重要指标，如果只是经过简单清洗、分切、速冻，这在餐厅只是完成了切配这个环节，这类产品更符合超市线下或社区团购线上售卖的净菜。

所以关于预制菜，笔者更认同"预制菜，后厨工业革命的衍生品"的一句话定义。

二　预制菜起源

虽然中国有着博大精深的饮食文化以及绚烂多彩的烹饪形式，但预制菜的起源与现阶段的繁荣都不在我国，全球比较有代表性的预制菜企业其实在美国和日本。

1 预制菜在美国

预制菜最早起源于美国，我们先来看看预制菜在美国的发展史。目前，美国预制菜市场已经进入了成熟期。美国预制菜的发展，一共经历了三个发展阶段。

（1）萌芽期 20 世纪 20 年代到 50 年代

1920 年，美国研发出了世界上第一台快速冷冻机，在技术上突破了速冻食品加工问题，为后来的速冻食品行业乃至预制菜的发展奠定了良好的基础。受第二次世界大战影响，军队需求迎来高速发展期。第二次世界大战后结束后，美国本土一片欣欣向荣。在政府的支持引导下，冷冻加工业技术不断提升，冷冻食品迅速完成了从军需到市场化的推广。之后连锁餐饮开始迅速发展，其中具有典型代表的就是肯德基，这都为之后美国预制菜的发展奠定了良好的基础。

（2）成长期 20 世纪 50 年代至 70 年代，是美国预制菜的高速成长期

1957—1977 年，这 20 年之所以成为美国预制菜的高速发展期。一方面是美国餐饮行业在连锁化的提升下迅速扩容，20 世纪 60 年代美国人均 GDP 持续攀升，而且越来越多的美国女性进入职场，促使餐饮需求激增。1955 年，麦当劳第一家授权加盟店正式诞生，标志着美国连锁餐饮从此拉开快速扩张之路。除了肯德基、麦当劳，汉堡王也开始了自己的扩张和规模化发展，B 端和 C 端的需求旺盛持续推动冷冻食品行业增长。

此时的美国除了继续加强推动冷链设备和技术的发展，还大力推进洲际公路建设，不但大大缩短了城市间的物流运输时间，同时还将人口在 5 万规模以上的城市实现了很好的链接，进一步加快了预制菜的推进。

真正标志着美国预制菜正式走向规模化和产业化的标志是 1969 年成立的美国西斯科公司（Sysco），成立后仅用一年时间成功实现上市。

（3）成熟期　20 世纪 80 年代至今美国的预制菜得到了空前繁荣的发展

美国预制菜行业的发展为其他国家提供了可参照的行业蓝本。如今已形成 Sysco、泰森、康尼格拉为代表的预制菜巨无霸企业。2021 年其销售额分别为 513 亿美元、430 亿美元、110 亿美元。

从美国预制菜的发展我们可以看出几个非常关键的因素：一是冷冻设备和技术以及冷链物流；二是连锁餐饮的迅猛发展；三与国内经济的繁荣向上。

看完美国，再来看看与中国在饮食习惯相对接近的亚洲国家日本，也是预制菜兴起较早和具有规模化代表的。

2 预制菜在日本

相比美国预制菜，日本预制菜起步相对晚一些。日本预制菜于 20 世纪 50 年代起步，此时恰值美国预制菜的成长期。

20 世纪 50 年代，日本得到美国的扶持，经济进入快速复苏期。国民收入持续大幅提升，再加上人口增长带来的红利，刺激商务宴请与居民消费进一步释放。在这种大背景下带动餐饮市场的快速发展，也培育了上游产业链的发展。

日本预制菜起步的另一个客观原因就是，日本冷链配套设施的完善以及冰箱等家电的渗透普及，促进冷冻食品行业 B 端、C 端同步加速发展。20 世纪 60 年代末期，日本冰箱家庭普及率超过 50%，为预制菜家庭端爆发打下设施基础。

进入 20 世纪 70 年代后，日本预制菜进入高速发展期，一直到 20 世纪 90 年代后期日本经济泡沫破裂时。

这期间日本经济高速增长带动生活节奏加快，加上女性就业率不断提升，B 端外食行业不断发展。据可查数据显示，1976 年，日本外食餐饮规模增速达 17.48%。同时，这期间日本餐企标准化、连锁化得以迅猛发展，吉野家便是典型代表。吉野家株式会社在 1958 年正式成立，松田瑞穗任董事长，松田瑞穗对吉野家进行了大刀阔斧的改革，把原本烦琐复杂的菜单和各个操作流程进行了精简提效，在标准化、连锁化的升级改造之下，1965 年吉野家单店年营业额突破 1 亿日元，1973 年开始连锁加盟，1975 年美国首店开业！

在日本经济和餐饮高速发展的同时，日本的商业用地，如东京圈商业用地价格指数在短短几年内翻了数倍，导致餐饮现场成本压力骤增。在此背景下，餐企对烹饪工序少，标准化、规模化的半成品菜需求快速上升，早期发展的冷链配套设施也为行业发展提供运输保障。自此，预制菜 B 端渠道迎来快速发展期。

到了 1996 年，随着日本经济泡沫的破裂，经济发展速度放慢。受此影响，预制菜行业增速放缓，但仍保持增长的态势。受日本人口出生率下降和人口老龄化等社会结构的重大变化，以及单身人数和双收入家庭的增加，C 端预制菜需求一直处于增长态势。据日本最新公布的 2020 年度"国势调查"披露，日本单身家庭数达 5572 万户，与前一次相比增加 4.2%，平均每户家庭人数降至历史最低的 2.27 人。对于这类家庭而言，自己烹饪食物不仅耗时、麻烦且性价比较低，而预制菜恰好兼具美味与效率，成为这类家庭的不二选择。

短短几十年时间，日本预制菜供给端经历了先扩后缩，最终实现行业逐步集中化。同时日本预制菜行业从 B 端、C 端双轮驱动高速增长到 C 端引领的缓慢扩容，出现了日冷集团、神户物产等龙头企业。它们凭借先发优势横向进行品类扩张、纵向整合产业链上相关业态，同时积极布局海外业务，并伴随品类的丰富、规模的扩大、上下游协同效应以及供应链效率的提升，逐步构建起难以撼动的成本优势，同时卡位产业"刚需"环节有利于提高产业链地位。

从日本预制菜的发展我们也可以总结出几个关键因素：一是冷冻设备全民普及率；二是连锁餐饮的迅猛发展的同时受到运营成本的影响，试图找寻新的突破口；三是家庭结构的转变。

上述情况和目前我国目前所处阶段具有较高的相似度，或许能从中找寻到我国预制菜发展可借鉴的路径，本书后面章节会做阐述。

看完美国和日本预制菜的发展史，我们来看看现阶段的中国预制菜。

3 预制菜在中国

相比美国和日本，预制菜在我国起步较晚，直到 20 世纪 90 年代才开始萌芽。随着麦当劳、肯德基进入中国，由于它们对产品标准化的需求，国内才开始出现配套工厂，比如为肯德基提供冷冻切块鸡的山东大用食品。因为那时在国内还没有预制菜这种叫法，大家更习惯称呼为食品原材料或半成品。再加之此时国内还未实现大规模餐饮连锁，同时受速冻技术和冷链物流短板的制约，在 2005 年前中国预制菜都未真正被重视和得以长足发展。

说到当下方兴未艾的国内预制菜，笔者认为真正的启蒙得力于 2005 年后全面高速发展的重庆火锅连锁行业。虽说这之前在重庆就已经有小天鹅、苏大姐等一批老火锅企业率先走出重庆，开展全国连锁业务。但是那时大多数企业在技术上还是采取师徒制，即派驻师傅教授火锅底料炒制技术。后来随着国家相关法律法规的不断完善，以及餐饮老板意识到要想实现真正规模化和稳健化连锁，标准化是基本前提。于是才出现了像聚慧食品这样的专业第三方餐调企业。聚慧食品恰巧是瞅准这个时机，于 2008 年成立，10 年后销售额就直逼 10 个亿。

得力于火锅连锁业务如火如荼地开展，这期间一些火锅半成品菜开始探索预制菜这条路。对于当时风行一时的中央厨房，想必大家应该还有深刻印象。只不过当时笔者就预言，企业自建中央厨房很难实现盈利，因为当时绝大多数中央厨房都是加工低附加值、没有技术含金量的蔬菜类产品。虽然彼时的中央厨房已经有了预制菜的初步形态，但缺乏盈利模式的支撑，所以风靡一段时间后，大多都以失败告终。

中国预制菜的提速，其实是从 2014 开始的，外卖是根本触发原因。参与外卖的商家基于对出品"标准化""简单化""快速化"的要求，由最初的复合调料包快速过渡到半成品菜乃至成品菜简单加热出餐的演变。同时，这期间中国的速冻技术以及冷链物流也得到了快速发展，为今天的预制菜开辟了高速发展通道。

真正将预制菜推向公正视野的是新型冠状病毒肺炎疫情的突然爆发。2020年，受疫情影响，再加上 Z 世代（互联网世代）青年对传统烹饪乃至简单烹饪技术的欠缺，推动预制菜从餐饮后厨走向家庭消费场景，C 端预制菜开始迎来指数级放大。在各大电商节及春节期间，半成品菜、快手菜一度销售火爆，成交额均取得倍数级增长。

随着预制菜全面进入日常老百姓视野，关于预制菜的争论就喋喋不休。虽然本章节重点分析了美国和日本预制菜发展的路径以及取得的傲人业绩，大家可能会说因为饮食习惯差异以及烹饪手法的不同，预制菜在中国很难被接受和做大。

但一个不争的事实是，预制菜在中国受到了空前的重视，大家都在畅想能预见未来的预制菜。虽然预制菜被寄予厚望，但我们还得理性看到中国预制菜还处于萌芽和探索阶段。

三　预制菜在我国的现状

萌芽和探索阶段的中国预制菜市场，可以用热、散、大、新来概括。

1 热

如果说现阶段我国预制菜如上午时段初升的太阳，但其耀眼光芒照射到地面却呈现下午 2 点炙热的状态。预制菜到底有多火呢？我们来看看几组数据。

热点一，预制菜企业如雨后春笋般涌现。

据天眼查显示，目前我国有近 7 万家专业预制菜企业。从其注册名称或经营范围包含了速冻、预制菜、预制食品、半成品食品、即食、净菜里可以明确地看出，这些企业都是直奔预制菜而来的。其中 56.6% 的相关企业于近 5 年内成立。从近三年新注册企业数据看，2020 年为峰值，注册数量为 12984 家；2021 年预制菜企业注册数量为 4031 家，2022 年 1—6 月就新增注册企业 1,020 余家。这类注册企业里，还不包括早已是老牌食品企业新布局该赛道以及餐饮和零售企业杀入该赛道的隐性参与者。

热点二，预制菜企业备受资本青睐。

据红餐产业研究院数据公布，自 2020 年开始，预制菜领域开始受到资本的关注，完成融资的项目数量较此前有明显增长。值得一提的是，中金资本、创新工场等头部机构在 2020 年也开始出现在投资方名单中。2021 年至 2022 年上半年预制菜领域共计发生 40 余起融资项目。其中 2021 年，我国预制菜赛道融资达十多起、共获投融资数十亿元，还诞生了首个上市公司味知香，其在 2021 年 4 月 A 股挂牌上市，成为"专业预制菜第一股"。

2022 年 1—5 月份，预制菜赛道融资 5 起，共获融资数十亿元，其中，陆正耀的新项目舌尖科技，于 2022 年 3 月宣布完成 16 亿元的 B 轮投资，成为目前为止年内融资数额最大的预制菜企业。

热点三，各级政府大力推进预制菜发展。

2017 年至 2022 年国家相关部门以及各级地方政府，纷纷出台相关政策大力支持预制菜产业不断做大做强。2022 年 6 月，四川省预制菜产业发展推进会在成都召开，会上提出，到 2025 年四川省预制菜产业规模力争突破 1000 亿元。四川省领导出席推进会，并为四川省预制菜产业联盟揭牌。作为火锅之都的重庆在预制菜产业推动方面和兄弟省份四川相比也是当仁不让，重庆梁平区政府准备将梁平打造成为中国（西部）预制菜之都，完善产业链、畅通供应链、提升价值链，着力构建、完善预制菜产业生态，目标是到 2030 年，将预制菜产业园区力争达到 30 平方公里，全产业链实现年产值 1000 亿元。

据中国产业研究院发布的《2022 上半年中国预制菜行业市场检测报告》显示，目前全国已有 19 个省市（包括四川、重庆）都出台了加快预制才发展的相关政策。

2 大

预制菜之所以热，与其大市场密切相关。据国联证券发布的预制菜相关报告显示，预计到 2030 年，我国预制菜市场将成长为近万亿级大市场。

国联证券 2022 年 9 月 8 日发布"食品饮料行业—预制菜：大行业小公司，渠道、产品、供应链构筑壁垒"报告中，综合推算 B 端和 C 端数据后，预测到 2030 年我国预制菜市场规模可达 6748 亿元。

B 端市场采用的测算公式为"B 端市场规模=餐饮企业收入×原材料占营收比重×预制菜 B 端渗透率"。核心假设如下：

餐饮企业收入：据国家统计局 2023 年 1 月 17 日发布最新数据显示，2022年，全国餐饮收入 43,941 亿元。据《2021 年中国连锁餐饮行业报告》，预计2019—2024 年中国餐饮市场规模 CAGR 为 7%。假设在 2021—2030 年我国餐饮企业收入增速维持 7%。原材料成本的营收占比：据中国饭店协会，2020年，餐饮原材料成本的营收占比均值为 41.87%，假定到 2030 年该数值保持不变。预制菜 B 端渗透率：据《中国烹饪协会五年（2021—2025）工作规划》，目前国内预制菜渗透率为 10%～15%，预计 2030 年将提至 15%～20%。假定 2030 年预制菜 B 端渗透率为 15%。2030 年我国预制菜 B 端市场规模有望达到 5299 亿元。

C 端，由于 C 端市场规模统计口径多样，则采用欧睿国际、NCBD 和艾媒咨询三大口径的平均值 515.2 亿元。其中，对口径二（NCBD）、口径三

（艾媒咨询），C 端规模为整体市场规模的 20%（据亿欧估测，中国预制菜市场 B 端和 C 端的占比是 8：2）。预制菜 C 端市场增速我们借鉴早期方便食品在中国地区发展情况，预计中性预期下至 2030 年 C 端市场规模将达到 1450 亿元。

另据餐宝典数据显示，2021 年中国预制菜规模在 3100 亿元左右，同比增长 24.1%，预计到 2025 年将会突破 8300 亿元。

无论是国联证券的推演数据还是餐宝典的专业数据，虽然口径上存在一定差异，笔者保守估计，到 2030 年我国预制菜规模突破 5000 亿还是有较大可能的。

3 散

虽然我国预制菜行业企业众多，但整体呈现小规模、区域性特征。从公司看，2020 年我国预制菜行业（市场占有率排名前十的公司市场占有率之和）仅 14.23%，其中市占率前三的企业分别为厦门绿进（2.4%）、安井食品（1.9%）、味知香（1.8%），龙大美食市占率为 1.1%。证明整体行业处于长尾结构。

另外就是从注册资本看，超五成预制菜企业注册资本在 100 万元以内，注册资本在 1000 万元以上的占比仅为 12.5%。与当下预制菜大火的现状相比，证明大部分预制菜企业对于未来还是缺乏足够底气。

从地域分布来看，仅山东、河南以及河北，三地相关企业数量位居前列，分别拥有 8,100 余家、6,000 余家以及 5,100 余家；另从城市分布来看，深圳以 2019 家预制菜相关企业排名第一。长春、潍坊分别有预制菜相关企业 1863 家、1480 家，排在第二和第三。此后依次为临沂、苏州、合肥等城市。

所以，从地域分布来看整个预制菜行业的集中度不够，还是处于较为分散状态。

4 新

相比美国 Sysco 从生产到物流及销售渠道全部由自己一竿子插到底的模式，中国预制菜则呈现出新模式。这里的新模式指的是预制菜赛道出现了五类"新玩家"，而且有着各自显著的基因差异。

（1）老牌食品企业布局预制菜 作为老牌速冻食品企业的安井、惠发、三全以及思念纷纷大踏步布局预制菜。安井除了请奥运冠军代言，更是大手笔开启收购之路。2021 年 7 月，安井以 7.17 亿元的收购新宏业食品 71% 的股权，新宏业食品主要从事速冻食品、蔬菜制品等的生产、销售，本次收购旨在对上游原料淡水鱼糜产业及速冻调味小龙虾菜肴制品的布局。2022 年 4 月收购新柳伍食品 70% 股权，布局上游原料淡水鱼糜产业及速冻调味小龙虾菜肴制品。安井并购的新宏业、新柳伍均属于水产类企业，结合安井提出的大单品策略，业界猜测安井剑指小龙虾。

其中思念的千味央厨于 2021 年 9 月 6 日，登陆深圳证券交易所。据千味央厨发布的 2021 财报显示，预制菜销售增幅为 34.35%。惠发则是战略中心转移预制菜，除了打造八大菜系预制菜，还将向地方特色小吃不断延伸。

（2）农牧水产企业染指预制菜 农牧水产企业的代表有圣农发展、国联水产、双汇发展、龙大美食等。其中国联水产 2020 年预制菜收入 7.3 亿元，已占全年营收 44.94 亿元的 16.2%。良之隆·2022 年第十届中国食材电商节上，龙大美食呈现了包括蒜香排骨、飘香掌中宝、红烧肥肠、黑椒牛柳、咕咾肉、萝卜丝肉丸等 100 余种预制菜产品。圣农发展和双汇食品凭借各自在鸡肉和猪肉上游原材料优势，也纷纷大踏步进入预制菜赛道。

（3）零售企业渠道为王，可遇可求 作为零售企业代表的盒马鲜生、永辉超市（辉妈到家）、叮咚买菜、美团买菜（象大厨）等，凭借自身渠道和资本优势也趁机杀入硝烟弥漫的预制菜赛道，正可谓可遇可求。

2022 年 1 月 11 日，盒马鲜生与国联水产在广州举行的战略合作签约仪式，活动中宣布双方将共同在水产预制菜品开发与市场推广、水产品高质效养殖模式开发、联合品牌及消费动态共享等领域开展合作，共同探索水产食品产业创新发展新模式。

（4）餐饮企业近水楼台先得月 海底捞、同庆楼、西贝、眉州东坡、广州酒家、全聚德等知名企业利用近水楼台先得月的优势"预制味来"。眉州东坡酒楼旗下的王家渡早在预制菜这个新概念未出来前，就已经完成了梅菜扣肉、东坡肘子、川味腊肉和香肠等预制菜的上市工作。前期主要是针对内部体系销售，而后开始小批量对外销售。之后与巴奴联合打造低温午餐肉在午餐肉品类搅起一股不小风浪。浪潮涌起，涛声拍岸，一人食小火锅开创者呷哺呷哺也坐不住了，除了推出和自己主业态相近的花胶鸡、猪肚鸡，还将触角伸到米饭类预制菜，连推叉烧汤饭、泡椒牛肉饭、咖喱牛肉饭三款产品。

（5）专业预制菜企业，专业凸显优势 而作为天生为预制菜而生的预制菜企业，如有着"预制菜第一股"的味知香、盖世食品、苏州好得睐（与福成五丰的"鲜到家"合称"南拳北腿"）、蒸烩煮、聪厨等预制菜赛道专业选手，出生自带预制菜基因，表现亮眼。

味知香，成立于 2008 年 12 月，2021 年 4 月 27 日，味知香在 A 股上市，被誉为国内预制菜第一股。2018 年至 2020 年，味知香分别实现营业收入 4.66 亿元、5.42 亿元、6.22 亿元，实现净利润 7,112.49 万元、8,624.33 万元、1.25 亿元。其中 70% 的收入来自肉禽类产品，其次是水产类产品，占比 26%。建立了以"味知香"和"馔玉"两大品牌为核心的产品体系。产品主要有肉禽类、水产类、煲汤类、小食类四大类产品线，涵盖了 200 余种不同口味、规格的菜品。渠道分为零售渠道和批发渠道，其中零售：批发约为 7：3。零售以加盟店为主，占主营业务收入比例从 2016 年的 3.71% 上升至 2020 年的 52.06%，而经销店销售收入从 2016 年的 72.49% 下降至 2020 年的 17.05%。

　　盖世食品，被业界称为预制凉菜第一股。盖世食品始建于 1994 年，为国内外、中式、西式和日式等餐饮企业提供冷、热即食定制化凉菜食品加工企业。2021 年公司前三季度营业收入 2.3 亿元，同比增加 50.24%，归属挂牌公司股东的净利润 2,884 万元，同比增加 61.6%。盖世食品主营海洋蔬菜系列、营养菌菇系列、健康蔬菜系列、海珍味系列、鱼子系列和日料食材六大产品系列。是以海藻、食用菌、鱼子及系列海珍品为主要食材。

　　同样另外几家专业预制菜企业，也展现出了不俗的成绩。

四　当下预制菜面临的主要问题

　　与预制菜红火形成鲜明对比的则是关于预制菜存在的诸多问题，这也是消费者热议的话题。2022 年 9 月，一位著名战略咨询专家关于"预制菜是猪狗食"的言论就在网上引发轩然大波，有人说专家有点凡尔赛，也有人说该专家敢于说真话、说实话。姑且不论这个说法的对与错，但映射出预制菜背后亟须解决的问题。

　　目前中国预制菜主要存在"一个原点，一个卖点"两大核心问题。一个原点指的是由于标准欠缺而引发的食品安全问题、标识混乱等；一个卖点指的是口味不佳、价格偏高问题。

1 一个原点问题

　　（1）标准欠缺　2021 年中国食品工业协会下发了，关于《组合式预制餐品合格生产商通用要求》团体标准立项计划征求意见的通知。相继中国烹饪协会根据《团体标准管理规定》《中国烹饪协会团体标准管理办法》有关规定，由湛江国联水产开发股份有限公司牵头申报的《预制菜产品规范》予以立项。

　　在两家国家级协会立项准备制定预制菜相关标准后，多地地方政府和协会已出台了有关预制菜的行业或地方标准。

2022 年 4 月 27 日，由江苏省餐饮行业协会牵头的《预制菜点质量评价规范》在南京正式发布，具体内容包括预制菜的定义、分类、评价指标、评价原则等。

2022 年 7 月，广东省市场监管局在全国率先立项制定《预制菜术语及分类要求》《粤菜预制菜包装标识通用要求》《预制菜冷链配送规范》等 5 项预制菜地方标准。

江苏省餐饮行业协会发布的《预制菜点质量评价规范》被认为是预制菜首部团体标准。虽然各级政府及相关行业协会都在积极筹划和出台预制菜相关标准，但相较于几千亿的预制菜大市场，目前还没有一部真正的国家相关标准出台。如果这个问题不解决，那么预制菜的全国统一规范将很难实施，属于预制菜的行业监管也将缺乏依据。

值得关注的是，2020 年 8 月 6 日，国家市场监督管理总局就《食品经营许可管理办法（征求意见稿）》，在调整食品经营项目的修订内容中，增加了简单制售分类、半成品制售项目等；针对简单制售类项目风险相对较低的特点，进一步细化食品经营项目类别，实施食品安全风险分级分类管理。

相信在不久的将来，针对预制菜的相关国家标准一定会出现。

（2）标准缺失引发食品安全担忧 2022 年年初，由江苏省消费者权益保护委员会发布的《预制菜消费调查报告》统计显示，收到关于预制菜的消费者舆情共计 56,948 条，其中敏感舆情 1,883 条。食品安全为消费者关注重点，预制菜食品安全问题不尽如人意。接近三成（29.03%）消费者表示出了担忧，包括食材新鲜程度、制作流程是否干净卫生等。有网友表示，"自己的孩子，不管男孩女孩，可以的话都教他们学会做饭吧，不为其他，就为以后的身体健康。其实只要家庭饮食习惯好的，很多人是不会接受这类产品或者外卖的，吃多两次身体就会自然报警，难受！"

对于"预制菜是猪狗食"的言论引来无数网友热议的同时，网友的评论很客观和中肯，"预制菜本身没毛病，可怕的是无良商家为了延长保质期乱添加"引来无数网友的跟帖回复。

其实从整体网友关于预制菜的评论回复，我们可以看出绝大多数人不是不认可预制菜，而是对于预制菜背后的食品安全问题的担忧。

（3）没标准导致标识混乱 由于缺乏统一的标准，所以预制菜的标签也是五花八门。比如冻品先生的同一款酸菜鱼就有五个不同标准的标签，其内含的免浆黑鱼片、老坛酸菜、酸菜调味酱、辣椒花椒包、芝麻等配料分别执行不同的标准。试想作为一个消费者，买一袋产品，包装上有 5 个不同标准的标识标签，这对消费者而言是一个巨大的挑战，因为消费者很难掌握所有的食品标准知识。

新京报记者曾通过对北京市场销售的眉州东坡、谷言、冻品先生、陶陶居、丰收日、盒马工坊、盘点美味、唐顺兴、正洋、小椰炖、唐宫夜宴 11 个品牌的 13 款预制菜统计发现，使用的标准五花八门。其中有 8 款产品标注使用的是商务部 SB/T10379《速冻调制食品》标准；2 款产品执行的是企业标准；1 款执行的是工业和信息化部 QB/T 5471—2020《方便菜肴》标准；1 款产品执行的是商务部 SB/T 10648—2012《冷藏调制食品》标准。而在标称"冻品先生"酸菜鱼的产品包装上，甚至可以找到 5 种食品标准。

这一切的根源还是原点问题，预制菜标准缺失。

2 一个卖点问题

我们在本章关于预制菜的定义里，重点强调了"预制菜，是后厨工业革命的衍生品"。旨在强调预制菜是源于传统餐饮烹饪方式，经过食品加工方式以食品形式呈现，所以一定要最大化还原对应菜品的口味。

预制菜，口味很重要。

根据江苏省消费者权益保护委员会发布的《预制菜消费调查报告》统计显示，超过六成消费者表示菜品口味不佳，消费者对预制菜品的味道满意度较低。当被问及菜品口味是否达到预期时，仅有 34.36%的消费者表示预制菜品的口味超过预期非常美味，有超过六成（62.32%）的消费者表示预制菜品口味一般，甚至有 3.32%的消费者觉得预制菜口味较差，不好吃。

为什么会出现这种现象？因为预制菜赛道有 5 种不同"基因"的"玩家"。除了餐饮基因的预制菜"玩家"，其他四种玩家都欠缺对餐饮烹饪的从业经验以及专业认知度。笔者团队服务过很多食品行业的客户，他们拥有高学历、食品学科班出身的研发团队，他们对理化指标有着专业的认知。但很大一部分搞研发的工科男，却做不好一盘番茄炒蛋。一道好的美食对于食客的味蕾诱惑，是源自这道菜品所呈现出的独特风味。对于如何用定量、定性的理化指标数据去还原食物风味，我国虽然已经取得了一些成就，但还并不全面。

所以关于预制菜的崛起是否会取代厨师，在这里提前做个剧透，笔者认为预制菜与具有匠心精神的厨师会长期相辅相成，和谐共存。在本书第四章会做详细阐述。

除了研发人员不懂餐饮烹饪外，很多预制菜企业还缺乏足够的市场化认知。还有相当一部分新入局预制菜企业，往往以"我擅长做什么、我能做什么为新品研发立项"，而不是基于市场需要什么和消费者认知出发。要想带动消费者购买，不是说你产品质量比竞争对手优秀多少，而是要做到与竞争对手不同，这是建立消费认知很关键的一点。比如，农夫山泉有点甜，真的甜吗？所以说定位理论讲，消费者认知不一定事实存在，但只要建立了符合消费者心智认知的定位，就能找到通关的钥匙。在本书第六章会详细论述。

预制菜，定价很关键。

稻盛和夫曾说过"定价定生死"。从某种程度可以理解为定价对于一个企业的重要性。

不难发现，不仅是预制菜企业，中国绝大多数企业的定价都是市场部和老板说了算。普遍采取参考竞品定价、自身制造成本加预算毛利三个维度相结合的方式定价。不是说这种定价方法是错的，而是还缺一个重要因素。真正的定价策略是基于明确的品牌战略，基于目标消费者的深刻洞察。

有的企业市场部谈到新品定价时，给我们算了一笔所谓清晰的账目。比如，我们的预制菜，为消费者节约了多少时间，为其提升了多少效率，那么这些时间和效率又能为消费者创造多大的二次效益。有时候我们都忍不住想笑，因为这笔账消费者并不买账。因为消费者只关心他所关心的问题，就像网上段子说的，"有一种冷叫作你妈觉得冷"和"不要你觉得，而是要我觉得"。如果消费者心理价格没有绝对的低，企业觉得很低的价格，他还是觉得高。消费者永远是为其需求花钱，为超越价格的价值花钱。所以，信良记的小龙虾预制菜的广告语"和餐厅一样的味道，一半的价格"就能让消费者动心。

预制菜除了口味和价格的问题，在消费者眼中还存在品种单一，操作方法不够明确等其他问题。

诚然，我国预制菜目前面临这样或者那样的问题，这并不是预制菜本身的问题，也不会阻碍预制菜大踏步地向前发展。

五 中国预制菜的未来趋势

看似悄无声息到来的预制菜，其实是迎合了时代不断发展的步伐，可谓占据了"天时地利与人和"，并会逐步走向品类细分、爆品为王、BC 端同步发展的趋势。

中国预制菜发展具有良好的基础。

1 天时

文章前面提到触发预制菜蓬勃发展很重要的一个因素,就是现代餐饮为了提升坪效、人效以及出餐速度不断进化的结果,连锁餐饮使用预制菜已成为业界公开的秘密。规模化连锁餐饮已经成为当下及未来的趋势。据中国连锁经营协会与华兴资本联合发布的 2022 中国连锁餐饮行业报告显示,2021 年中小规模(门店数量在 100 家店以内)连锁品牌增长迅速。其中涨幅最大的是规模在 3 ~ 10 家店的连锁品牌,同比增长了 23.0%;其次是规模在 11 ~ 100 家店和 5,001 ~ 10,000 家店的品牌,门店数年同比增长分别达到了 16.8% 和 16.0%。连锁成为餐饮主流发展趋势,这将进一步加快预制菜的发展。

触发预制菜发展的另一个天时原因,那就是人群变化。居家就餐场景依然存在,但做饭的人变了,掌握做饭技能的群体占比下降,预制菜方便快捷的优势逐步显现,消费者对预制菜的接受度不断提升。尤其是后疫情时代的大背景下,随着"宅家文化""懒人效应"的盛行以及"烹饪小白"群体增多,从生鲜食材烹饪到预制食品烹饪是必然趋势。

2 地利

山东和河南的预制菜企业为什么能够排名前二,这与其地理位置有直接关系。预制菜是连接田间地头到餐桌的纽带。山东和河南是我国最主要的粮食大省、农业大省,拥有丰富的农产品资源以及有利于食品加工企业生存的土壤。比如,山东寿光的蔬菜,阳谷的鸡;河南的双汇、三全、思念等国内食品企业的翘楚。这两个地方可谓是要预制菜的原材料有原材料,要预制菜加工的食品企业还一抓一大把,这为未来预制菜产业的集群发展奠定了良好的基础。

3 人和

原先制约预制菜跨区域流通、线上交易的核心因素在于中国的冷链物流基础设施较差、成本太高。自 2015 年以来国内冷链物流基础设施不断完善，第三方专业服务机构涌现，例如，顺丰 2014 年年底起正式成立冷运事业部，京东 2015 年开始打造冷链物流体系，2018 年正式推出京东冷链。冷链物流的体系的完善，为预制菜来到千家万户餐桌提供了保障。而资本的推崇以及各级政府对预制菜的鼓励政策，都人为地为预制菜的快速发展提供了两只腾飞的翅膀。

基于我国预制菜有如此良好的发展基础，那么未来预制菜发展又会呈现出怎样的趋势？

1 品类细分并催生独角兽

当前我国预制菜的行业集中度偏低，中小规模企业占绝大多数，而反观预制菜产业早已成熟的美国、日本，预制菜龙头企业的市占率非常高。一骑绝尘的美国 Sysco 不仅是美国最大的预制菜企业也是全球第一，其产品 SKU（一般指库存量单位，本书指产品品类）多达 40 余万，而在日本占据市场第一名份额的日冷公司，其市场占有率达到 20%~24%。但是我国国情不同，中华饮食文化博大精深，各地饮食习惯、口味偏好、食材资源情况不同，在中国要想成为全品类预制菜巨无霸企业，难度可谓非常大。

但中国预制菜有着几千亿的规模市场，完全可以聚焦品类细分并在该领域成为独角兽。比如国联水产基于自身在水产领域的优势，可以通过小龙虾、酸菜鱼、烤鱼等产品，在水产预制菜领域深耕，抢占水产预制菜头部品牌的占位。大连盖世食品，聚焦预制凉菜，是北交所上市的预制凉菜第一股。所以未来我国预制菜不仅可以在团餐预制菜、婚宴预制菜、猪肉预制菜、乡厨预制菜等细分品类、细分场景都有出现独角兽的机会，甚至聚焦某个单品都能傲视群雄。

2 聚焦大单品，爆品为王

一个小酥肉年销售额轻松突破 10 个亿，这就是新希望集团旗下的六合食品打造的王牌产品"美好小酥肉"。作为在餐饮行业摸爬滚打 20 年的"老江湖",信良记创始人李剑豪赌小龙虾,从数百万打水漂到如今轻松实现 10 个亿。信良记的小龙虾有多火?2020 年,信良记出现在罗永浩第一次直播的带货清单里,创下信良记小龙虾单场 51 万多斤,拍出了超过 5,000 万的销售额,爆单程度甚至吓哭了信良记的电商负责人。当年拿下抖音龙虾类别 2020 年度销量第一,京东 2020 年度最受欢迎小龙虾品牌。从 2017 年至今,信良记连续获得主流(风险投资)和明星资本的多轮加持,先后获得融资近 5 亿元。

无论是美好的小酥肉还是信良记的小龙虾,他们的成功都是聚焦大单品,以爆品战略赢得市场。本书第五章将聚焦如何打造爆品以及为大家揭秘预制菜未来极有可能成为超级大单品的 TOP10。

3 从产品竞争走向品牌竞争

品牌=品类=产品,这是笔者团队在给客户做咨询过程中经常强调的品牌逻辑之一。这句话的核心意思是品牌的建立是聚焦品类,并通过爆品成为这个品类第一。即说到小龙虾会第一时间想到信良记,提起小酥肉会首选美好。但从市场竞争的发展阶段来看,必将有技术竞争、产品竞争、渠道竞争、服务竞争等多种形式,最终必将走向品牌竞争。当前预制菜品的同质化非常严重,大家都在做风险较小的常规菜品,因为预制菜市场的需求空间足够大,所以不愁卖。哪怕企业只在这个赛道占据很小的份额,也会活得很好。然而,随着巨头和大资本的进入,实力的碾压优势将凸显。在当前产品竞争的同时,布局品牌战略至关重要,在未来具有品牌优势的企业最终会占据主导地位。

因为商战的核心是消费者心智认知之战,是品牌之战。

预制菜未来在我国的发展除了上述三个主要趋势外,还将呈现 BC 端双渠道发展、肉制品预制菜将成为主流以及朝集群化发展趋势。

第二章
遥遥领先的国外预制菜

目前中国预制菜市场尚处于起步阶段，且各种质疑之声不断。反观国外，美国已形成 Sysco、泰森、康尼格拉为代表的预制菜巨无霸企业。Sysco 作为全球最大的预制菜企业可谓一骑绝尘，2021 年 Sysco 实现 512.98 亿美元的营收，相较于泰森的 430 亿美元和康尼格拉 110 亿美元，高出后两者分别为 83 亿美元和 403 亿美元。神户物产作为日本最大的预制菜企业，2020 年，虽然在新型冠状病毒肺炎疫情的冲击下仍实现了 3,408 亿日元的销售收入，较上一年同比增长 13.8%；实现利润 150 亿日元，同比增长 24.8%。

相信大家一定很好奇，Sysco 和神户物产是如何成长起来的？又能为中国预制菜企业的发展提供哪些可借鉴之路？

一　一骑绝尘的 Sysco

58,000 名员工，14,000 辆货车（绝大部分都是冷链车，86%产权自有），483 万平方米的物流中心（78.1%产权自有），为北美和欧洲为主的 90 个国家，65 万个客户（餐厅、政府医疗教育机构、酒店等）提供其所需的所有食材、餐具、餐厅厨房设施、清洁用品等 40 万种商品，这个巨无霸就是 Sysco。Sysco 作为全球最大的预制菜企业，其特征可以归纳为：早、大、多。

早，指的是 Sysco 起步早。

我们在第一章中提到美国预制菜萌芽于 20 世纪 20 年代至 50 年代，到了

20 世纪的 50 年代至 70 年代恰好是美国预制菜的高速发展期。Sysco 成立于 1969 年，可谓生逢其时。从诞生之初便并购 8 个小的食品配送商这点可以看出，Sysco 是有备而来，成立一年时间便成功上市。这就印证了中国的两句老话，"先谋而后动"和"天时地利与人和"。

大，说的是 Sysco 是全球最大的预制菜企业。

我们来看一下 Sysco 近三年的财务情况。

2019 财年，营收为 601.14 亿美元，利润为 16.74 亿美元；2020 财年，公司营收有所下滑，降低为 528.93 亿美元，净利润同步减少至 2.15 亿美元；2021 年营收较上一年度略微有所下滑，全年实现销售收入 512.98 亿美元，但利润却实现大幅上涨，净利润为 5.24 亿美元，同比增长 143.28%。Sysco 位列 2022 年《财富》美国 500 强排行榜第 70 名，名列 2022 年《财富》世界 500 强排行榜第 261 位。其实早在 2008 年 Sysco 就一战成名，当年净利达 11 亿美元，刷新自 1969 年成立以来的最高纪录。

美国除了 Sysco，整体预制菜产业都很成熟和发达。我们再简单了解下美国其他预制菜企业及与 Sysco 的差距。

美国泰森食品公司（Tyson Foods）作为全球最大的鸡肉、牛肉、猪肉供应商及生产商，也是最大的牛皮（盐/蓝湿皮）和猪皮生产商。其 2021 年的销售额为 430 亿美元，但和 Sysco 相比还有 83 亿美元的差距。事实上泰森食品预制食品业务仅占整体业务的 20%，如果按照这个比例换算过来的话，要想在预制菜上追上 Sysco 可谓是望尘莫及。

康尼格拉美国冻品龙头企业，2021 年实现销售额 110 亿美元。沃尔玛是其最大客户，占到整体销售额的 26%。按品类划分，冷藏和冷冻占 41%，餐饮服务仅占 9%（膳食、主菜、酱汁、定制烹饪产品）。雀巢作为全球知名食品制造商，2021 年实现销售额（含预制菜）957 亿美元，但预制菜和烹饪工具业务两者加在一起才占整体销售额的 11.5%。蓝围裙作为美国专注互联网线上预制菜的企业，通过 O2O 为用户提供免费食材配送服务，2021 年销售额也仅为 46 亿美元。

多，指的是 Sysco 品类多、品牌多、业务覆盖地区多。

在品类方面，Sysco 拥有极宽的产品线，目前多达 40 万 SKU，涵盖肉类、冷冻食品、罐头、冷冻蔬果、海鲜、乳制品等多种品类。其中，鲜肉和冻肉为主要产品，但其营收占比不足 20%，其他占比超过 10%的品类包括：罐头和干制品（16%）、冷冻果蔬等（15%）、家禽（10%）、乳制品（10%）等。

在品牌方面，Sysco 采取完善的多层次品牌矩阵。公司四大传统品牌中，SUPREME 以紫色为代表，涵盖精英产品，品质、包装、配方都更为高端；IMPERIAL 以蓝色为代表，寓意美味、非同一般，通常是公司精心制作后推出的王牌产品；CLASSIC 以红色为代表，涵盖主食、新鲜、冷冻食品、成品菜等数百种选择；RELIANCE 以绿色为代表，主要提供经济实惠，具有价格竞争力的优质产品。此外，公司其他品牌也有产品层级划分。以海鲜品牌 Protico 为例，又分为 Portico Bounty 以及 Portico Prime 两类。前者属于"价格敏感"类产品，尽可能地在行业标准下提供价格优惠的产品，后者属于"价值敏感"类产品，是具有优质包装、成分、独特的食谱配方等高附加值的产品。公司旗下品牌家族包括十五大类别的品牌，拥有以意大利、美式、墨西哥和亚洲菜系等各个主流菜系为中心的相关烹饪所需食材，可满足各个餐饮消费场景的需求。

Sysco 业务区域覆盖范围广泛，其营销和物流网络已经遍及美国、加拿大、英国、法国、瑞典等全球 90 个不同国家，共为超过 65 万客户（包括餐厅、医院和学校）提供食材供应服务。

二 Sysco 成长史

Sysco 目前在美国餐饮供应市场上占有率已经高达 16%，作为全球瞩目的预制菜龙头企业，Sysco 是如何在短短几十年时间做到的，我们接下来一探究竟。

1 起步阶段（1970—1980）

该阶段美国餐饮供应链正处于高速发展期，这十年间，美国餐饮业年营业额由 426 亿美元增长至 1,196 亿美元，复合增速达 10.87%。从供应端来看，美国中部平原地广人稀，土壤肥沃，因此农业生产以中部大平原地带为主，产地较为集中，单个农场的生产规模较大，各生产基地地域性明显，从而形成了比较完善的全国性蔬菜分工体系。在这期间，速冻食品概念及技术得以提出并推广，延长了食品的保存期，促进了餐饮供应链的改善，提升了餐饮企业的效率，为快餐产业发展奠定了基础。从需求端来看，第二次世界大战之后，婴儿潮使得美国人口爆发式增长，带来大量新增餐饮消费需求，美式快餐进入黄金发展期。各大美式快餐巨头纷纷在 20 世纪 50—70 年代成立，并迅速成长为全国性大型餐饮连锁集团，使得餐饮行业集中度大幅提升。

这个阶段 Sysco 主要收购小规模、区域性食品分销公司，为其今后实现全国范围内的统一服务做出准备。1970 年，Sysco 并购了以主业为婴儿食品和果汁的配送公司 Arrow Food Distributor；1976 年，为规避经济周期，公司收购了从事冻肉、家禽、海鲜、果蔬等生活必需品的 Mid-Central Fish and Frozen Foods Inc.，为其增加了不少农产品品类，至此 Sysco 的全国分销能力大大提高。仅过了 10 年，到 1979 年，其销售额突破 10 亿美元，为 Sysco 日后的发展奠定了牢固的基础。

2 高速增长阶段（1980—1990）

进入 20 世纪 80 年代，Sysco 开启了高速发展模式。1981 年，Sysco 成为美国最大的食品供应商，并在堪萨斯州设立 Compton Foods。同时将并购目标瞄准规模更大的企业，以进军超市提供肉类及冷冻菜，从而扩大零售业务。1984 年，并购 PYA Monarch 旗下的三个公司，以扩大冻品配送业务；1988 年，Sysco 以 7.5 亿美金收购了当时全美第三大食品配送商 CFS Continental。据相关数据统计，截至 20 世纪 80 年代末，Sysco 共完成 43 次收购，已基本实现全美范围的布局，销售额达 68.5 亿美元，占市场份额的 8%。

3 向产业链延伸阶段（1990—2000）

1990—1999 年，美国餐饮业年营业额从 2,388 亿美元增长至 3,540 亿美元，复合增速约为 5%。这阶段美国餐饮市场逐步趋于稳定成熟，Sysco 也更加注重内生增长，收购数量降低，渐渐在产业链上进行纵向延伸。1990 年，Sysco 并购了俄克拉何马州的 Scrivner Inc.，开始为大型连锁零售市场提供配送服务；1999 年，开始收购上游肉类企业，如做熟牛排的 Newport Meat 和做定制化精细化分割的 Buckhead Beef Company。Sysco 这个阶段完成上下游产业的布局，弥补了自身在原材料及销售渠道的短板，为开启全球化进程做足了准备。

4 开启全球化进程（2000—现在）

进入 21 世纪，美国餐饮业海外市场扩张进程加快，Sysco 也瞄准了全球化市场。2002 年，并购了加拿大 SERCA Food services；2003 年，收购北美最大的亚洲食物分销商 Asian Foods，专攻亚洲餐厅和亚洲食材；2004 年，收购了为中南美洲、加勒比海、欧洲、亚洲和中东快餐连锁提供配送的国际食品集团公司；2009 年，收购爱尔兰最大的食品分销商 Pallas foods；2016 年，为了快速打入欧洲市场，Sysco 以 31 亿美元收购了拥有自营品牌超 4,000 个，供应超 5 万个产品的英国同行巨头 Brakes Group；2018 年年底收购夏威夷的 Doerle Food Service 和英国的 Kent FrozenFoods；2019 年收购年销售额高达 4,000 万美元的食品分销商 Waugh Foods Inc.。自此 Sysco 的业务开始走向全球。

Sysco 1969 年成立，次年成功上市，之后一路开启并购之路。简而言之，Sysco 成长之路其实就是并购之路，这是 Sysco 成为全球最大预制菜企业很关键的一步，但并不是全部，在本章关于 Sysco 的成功于中国预制菜企业有哪些可借鉴之处，会详细分析。

三 高利润的神户物产

神户物产是日本具有典型代表性的预制菜公司之一，成立于 1985 年 11 月，主要以"业务超市"的形式经营食材生产制造兼零售批发。2020 财年，在新型冠状病毒肺炎疫情的冲击下仍实现了 3,408 亿日元的销售收入，较上一年同比增长 13.8%；实现利润 150 亿日元，同比增长 24.8%。神户物产与 Sysco 在模式上有着很大的不同，这点也是日本企业和美国企业比较显著的差别。美国企业普遍喜欢追求销售规模最大化，而日本企业则偏重利润最大化。Sysco 2020 财年，营收为 528.93 亿美元，净利润 2.15 亿美元；利润率仅为 0.406%，而神户物产当年的利润率为 4.401%。

神户物产集团在日本境内拥有 23 家食品加工厂，提供德国香肠、冷冻乌冬面、三文鱼片、水羊羹等 360 余种自营品牌。此外，神户物产在全球拥有 350 多家合作工厂，以"全球正品直接进口"为理念，从全球 40 多个国家进口 1,400 余种产品，如巴西产鸡腿肉、比利时薯条、干果类等。丰富多样的产品品类，有助于神户物产充分把握消费者需求。

日本除了神户物产，还有日本速冻食品龙头企业之一的日冷集团。2021

年营业额 5,727 亿日元，利润 315 亿日元。其中冻品营业额 2,296 亿日元，同时也发展渔业和畜牧业业务等，拥有 15 个工厂。味之素和日冷集团差不多，主营速冻食品。2021 年营业额 11,000 亿日元，利润 992 亿日元，其中冷冻食品营业额 2,112 亿日元，业务范围还包括调味品、食物、医疗保健等。大洋渔业，全球最大海鲜供应商之一。2021 年营业额 9,052 亿日元，利润 171 亿日元，其中食品营业额 1,190 亿日元。

如果论规模，日冷集团比神户物产要大得多，本书之所以选择神户物产作为案例是因为其业务主要聚焦 C 端，加上聚焦 B 端业务的 Sysco，这样可以为读者全面剖析 B、C 两端预制菜具有代表性的案例。

四　神户物产成功之道

神户物产和 Sysco 相比，之所以利润率更高，主要取决于产销一体的模式。

首先，神户物产开设加盟连锁（FC，Franchise Chain）店并在自家工厂里生产自有品牌（PB，Private Brand）商品。据神户物产官网数据，自公司 2000 年 3 月神户物产在兵库县三木市开办了第一家"业务超市"以来，以每年 30 ~ 40 家新店的频率逐步增长。截至 2021 年 10 月末，神户物产在日本的"业务超市"已经增长至 922 家，并计划 2025 年前将门店数量扩张至 1,000 家。神户物产将门店交给加盟店运营，并向其收取相当于采购额 1% 的特许权使用费。神户物产业务超市销售自家工厂里生产的自有品牌商品，既降低了成本，也实现了差异化销售。

其次，在生产方面神户物产不仅拥有 1,570 公顷的北海道农场和 2,900 公顷的埃及沙漠农场，还在与加工厂直接相连的离养殖场养殖"吉备高原鸡"和"神州高原鸡"。神户物产较强的原材料把控力，使其不但可以为消费者提供充足、高品质、放心的食物，也从源头降低了供应成本。

　　加工方面，神户物产所生产的产品大多为低温、冷冻食品，既有利于扩大企业规模销售，又可以避免承担像生鲜商品产生的损耗。此外，公司采用了自主设计的任务信息管理系统，实现了信息一体化，使工厂实现低费用、低成本的生产，从而形成良性循环。

　　产销一体的商业模式是神户物产实现高效成本控制的核心因素，通过产销一体的独特商业模式，神户物产实现了快速扩张。从农产品的生产到食品加工、流通销售，公司贯通了第一、二和第三产业，形成了特有的供应链和低成本运营的一体化食品制造销售体系。

五　成功者启示录

　　海底捞的创始人张勇推崇的公司有两个：一个是麦当劳，一个是 Sysco。对标前者他创造了海底捞，对标后者他成立了蜀海国际。虽然海底捞让张勇赚足了眼球，但是蜀海国际以及它对标的 Sysco 或许才是张勇更大的野心。

　　和张勇一样有着野心的还有阿里和美团。除了先后完成 7 轮融资的美菜，阿里"菜划算"和美团"快驴"两大巨头也搅局卖菜市场。美菜曾在 2020 年年初展开 C 端服务，但仅就当前市场声量和数据来看，这一被创始人刘传军视为消化 B 端供应能力的尝试，并未能达到预期效果，甚至 2021 年 2 月还曾传出被京东等各方收购的消息。同样被寄予厚望的美团"快驴"在 2018 年 10 月 30 日公开信中曾经任命陈旭东担任快驴事业部负责人，但 2019 年 5 月 17 日离任而去，不过短短半年多的时间。而后由美团老板娘郭万怀亲自披挂上阵，2021 年 11 月 20 日，美团快驴业务负责人由郭万怀变为原快驴商品部负责人高雨龙。这恐怕已经说明了快驴在美团内部的尴尬地位！

　　预制菜在不经意间火了后，除了上述提到的大佬外，几乎所有入局者都将目标对准了 Sysco。但是至今国内没有一家企业具备成长为 Sysco 或神户物产的苗头，所以网上引发了一致的疑问，偌大的中国预制菜市场为什么就跑不出一个 Sysco？

笔者搜集了网上及参加各种预制菜论坛聆听专家观点后，总结下来无外乎集中在以下几种论调。

首先是中国和西方饮食习惯的差异。中国各地饮食习惯不同，菜系也非常复杂，菜品不同导致供应端所需的食材、加工方式等差异很大。其次是美国农产品源头集约程度非常高，在 80%左右，而我国目前还不到 55%。再则冷链供应链的基础能力上还有差距，造成生鲜品类因为高频次消费成为各种商业形态引流的商品，但中间的物流成本居高不下，损腐率高也没有得到良好的解决。

以上问题都是我国预制菜现阶段面临的真实问题，但是这个问题并不是阻碍中国预制菜企业做大的根本原因。笔者在公司内部管理以及给客户做咨询服务过程中，最喜欢说的一句就是"不要因为你不能改变的客观共性问题，而阻碍你能改变的"。这句话怎么理解？就拿疫情的反复来说，疫情对整个社会以及经济的发展确实起到了非常大的阻碍作用，所以很多人选择躺平并堂而皇之地将自己的这种行为归过于疫情。其实疫情对于每一个人、每一个企业、每一个行业都是公平的，这个观点笔者在很多文章以及公共场合分享时都这样说。为什么？因为在疫情到来之前餐饮本来就是一个由增量市场转为存量市场的时代，再加上中国人口红利和流量红利的消失，就算没有疫情的出现，还是会有一大批自身经营模式和盈利有问题的餐厅会倒闭，只不过疫情成了加快"死亡"的催化剂。笔者服务的餐饮客户，在疫情下出现逆势增长的不是个例，反而是共性。究其根本原因，那是因为他们都找到了抢夺存量市场的密码。

我国预制菜市场空间巨大，而且整体行业还处于萌芽发展状态，市场参与者也还是长尾结构布局，这难道不是我国预制菜发展的大好机会？破局中国预制菜客观问题，笔者在第一章谈到"中国预制菜未来发展趋势"的时候已经做了详细论述，在这里就不再赘述。

本章重点通过对 Sysco 成功的表象，深度剖析内在因素，找寻值得我国预制菜企业学习和借鉴的地方。

1 学 Sysco 的定位

Sysco 的定位非常明确，为餐饮企业提供前沿解决方案平台。毫不夸张地说，Sysco 成功最大的功劳就是定位的成功。有了这个明确的定位，所以只专注 B 端客户，为餐厅、医疗机构、教育机构、政府、旅游设施和零售商等提供整合型食品销售配送服务，立志成为客户最有价值和最值得信赖的商业伙伴。

说到定位这个问题，在我们和客户交流过程中，发现很多刚进入预制菜领域和中等规模的预制菜企业老板并不重视定位。因为在他们看来首要任务是解决业务问题，活下去是当务之急。这种认知固然没有问题，但笔者经常反问他们：如果没有定位，业务怎么聚焦？谁将是你的精准客户？又如何让客户从市场竞争中清晰地识别你？如何才能建立你与竞品的区隔？就算运气好活下来了，那么未来的方向又在哪里……类似的问题。其结果是由最初信心满满地勾勒宏图伟业，到互相之间的唇枪舌剑，再到自我迷茫，最后开始思考哲学三问"我是谁？我从哪里来？我要到哪里去？"。

其实关于品牌定位，特劳特定位理论里给出了定义，那就是抢占客户心智认知。这个说法对于第一次接触定位理论的大多数企业家来讲是很模糊的一个概念，于是笔者团队结合哲学三问，重新定义了服务客户时关于定位的说法。其实，就是回答三个关键问题：

你的用户是谁？你是如何细分他们的？

你的用户在哪些场景下会遇到问题？

他们遇到的具体问题是什么？该问题是否高频发生且涉及范围非常广泛？当这个问题找准了，其实定位就比较简单了，其本质就是造一个句而已：

（细分用户）＿＿＿＿在（场景）＿＿＿＿下遇到了＿＿＿＿（真实问题）？

正在阅读本书的读者，可以根据这个公式看看能否清晰地把这个问句在一分钟内填写完整，如果可以，证明你的定位还算明确的。

② 学 Sysco 定位落地

我们也见过很多企业花了不菲的费用找定位咨询公司做定位，最后得到的是企业发展愿景；也有的因为做完定位后需要聚焦，聚焦就要求做业务取舍，老板下不了决心，最后也就不了了之了；还有一种就是赶时髦，做完定位后舍不得钱做宣传和定位的配称，最终导致定位无法在内部有效落地，当然顾客就无从感知。

我们来看看 Sysco 的定位如何落地的?

Sysco 基于给客户提供的不仅是产品，而是前沿解决方案的定位，无论是餐饮小白还是入行的人都有着极大的吸引力。当餐饮新进入者准备筹建一家餐厅时，Sysco 会提供免费菜式设计服务及可选的收银系统、台位管理系统、菜单设计服务；一旦成为签约客户，会以月度为单位，定期做生意回顾，会有很多关键指标，比如：盈利、菜品分析、顾客群、上新品、成本分析、菜单单品分析等。在餐厅持续经营过程中，他们本着美食要不断创新的理念，会定期请客户来到公司和专业厨师、工厂一起商量如何优化产品，如何出新品，为他们的客户提供免费咨询。

所以当地分公司都会配备研发厨房及大厨给客户做菜式设计服务，销售给客户建议产品或做竞品对比时，分析的不是整箱价，而是对应的出餐份数及单份利润。

更多的人把 Sysco 上述动作看成是品牌附加值的体现，其实这是定位配称

（定位落地）的表现。但单就这方面而言，目前我国绝大多数预制菜企业还停留在售卖产品这一单一维度。其实大多数时候顾客要的不只是产品，而是产品的解决方案。基于整体解决方案的设计得到顾客的认同后，产品只是实现销售成交过程的载体而已。

再给大家举一个 Sysco 更直观的案例：Sysco 的一线的销售人员深入前端走访，发现烤肉店有两个痛点：油烟大和滴了油的盘子清洗不容易。于是他们找来工厂负责人与餐饮店客户一起商讨，如何通过新品的研发解决这一问题。最终新品解决方案不仅得到了客户的高度认可，同时还为 Sysco 增加了一个极具竞争力的新 SKU。

3 学习 Sysco 多品牌战略管理

如何厘清企业战略与品牌战略之间的关系，这也是 Sysco 值得学习的地方。

Sysco 可以说是一家非常懂得战略的企业，通过企业战略和品牌战略的制定，实现多品牌战略共赢的局面。

Sysco 拥有极宽的产品线，目前配送产品多达 40 万的 SKU，涵盖肉类、冷冻食品、罐头、冷冻蔬果、海鲜、乳制品等多种品类。如果不采用多品牌矩阵战略，不仅内部难以管理，对外也无法进行有效的客户开发和管理。

我国目前很多公司还是实施单一品牌战略，从公司品牌到旗下 N 多个产品共用一个品牌。这样不仅不利于建立消费者的认知，而且还存在较大的风险。因为一旦旗下某款产品出了问题，则会殃及整个品牌。在这方面，中国大多数的企业还需在多品牌战略方面加强认知的提升。

4 学习 Sysco 低利润模式

目前在中国专注 B 端的复合调味品和预制菜企业，有一定规模且经营情况良好的，净利率一般都在 15%左右。味知香 2021 年营业收入约 7.65 亿元，归属于上市公司股东的净利润约 1.33 亿元，净利率为 17.38%。然而 Sysco 2021 年的财报显示，其净利率只有 2%左右。中国预制菜企业要想做大，就得舍弃高净利率。但是如果没有高净利率，稍有不慎导致坏账或产品损坏，就会吃掉这些利润，甚至出现亏损。

接下来我们来看一下 Sysco 是如何应对这些问题并确保企业盈利？

第一关，抓产品安全和标准化。为了控制食材的采购品质、防止人员腐败问题，Sysco 的采购部门设立了两层分离制度，将采购决策环节和供应商管理分开。公司设置了催货员、采购员、品控员等岗位专门负责采购工作，并通过信息技术将采购现场的情况反馈给管理层。管理层的供应商工程师、供应商经理等，通过数据评估供应商，并根据企业的食材成本导向、市场均价和历年数据来制定采购计划。这一模式可以有效弱化采购员的权利，避免徇私舞弊，海底捞也借鉴了此做法。

由于 Sysco 需要从数千家美国国内和国际供应商处采购，制订"采购计划"还会帮助公司优化供应链网络，减少物流场所的扩建需求，通过降低运营成本和总库存水平来提高盈利能力。而且为了降低风险，公司在采购计划中不让任何一家供应商单独占采购量的 10%以上。

为了保证产品质量的稳定性，公司还对产业链的上游进行了充分延伸。Sysco 在种植阶段引导农场主广泛使用集约化的经营和机械化的种植技术，让农产品、蔬菜水果在源头就被标准化了。这些产品成熟后，在农场就直接装箱监测，1.5 小时内就能运到附近的中心仓库。

为了确保万无一失，Sysco 还建立了 200 多人的质检团队，对食材的采集、仓储、加工、运输等各个环节进行监控。公司还建立了完善的食品安全评估、制作工艺、员工卫生、质量管理体系，以及产品溯源机制，让质量管控落到实处。

第二关，抓出货效率。Sysco 每天有超过 10,000 辆货车从仓库出发，每年配送超过 18 亿个订单。每个仓库每天最多为客户配送 5 万个订单。这些订单都依赖于公司强大的 IT 系统，它可以短时间内处理大量信息，将货物、货车、仓库、配送点等精准匹配，确保这些大货车准时出发，并且一刻也不延误。

因为每一分钟的等待，都意味着仓库的流转会受到影响（仓库产品出不去新品就进不来），几分钟延误就会影响物流运转。这样不但会延误用户的收货时间，还会导致产品损耗提高。

为了提升仓储出货效率，公司所有供应商的来货，即便是生鲜也均为纸箱包装的标准化产品，并一卡板一卡板地打包好，直接用叉车整批移动，无需人工搬运。这些产品白天从半径 160 多千米的区域被送到仓库，工作人员按照系统分配的精确位置堆放后，对货物和位置编码进行扫码，保证其一一对应。

客户在下午 4 点前提交订单后（订单要求金额大于 500 美金），晚上仓库会按照系统分配，分拣干货、冷藏、冷冻三个温区的产品，仓库工作人员只需要根据系统指派，将指定货物一卡板一卡板地运送到卡车货箱里的指定位置，并扫码匹配、回传数据。

客户一般会将门店钥匙交付 Sysco，货车司机在凌晨直接按客户的要求将货品送到门店里，并取回退货。在强大的 IT 系统的支持下，公司的所有订单都在 24 个小时内完成，且误差在 2 个小时以内。

Sysco 的 IT 系统还会做销售预测、库存周转预测，保证所有产品（40 万 SKU 包括医疗器械、餐厅酒店耗材甚至汽车配件）都不会被存放过久，即便周转率很低的商品也要实现库存一周一循环。

但面对如此海量的订单，服务器故障、宕机总是不可避免，2015 年 Sysco 成为全球首家使用智能系统来解决这一问题的公司。自动化技术的应用让系统可以自动处理每个月上万的服务器故障，使公司的事故率降低了 89%。公司每个月的服务器宕机时间缩短了 4 万小时（上万个服务器宕机总时长），严重故障的修复时间从 19 个小时变成了 18 分钟，Sysco 因此成为自动化和人工智能领域的领先企业。

第三关，提升利润稳定价格优势。强大的 IT 中枢，让每个仓库每月仅 2 ~ 3 单错误，且产品损耗率小于 0.5%，从而提升利润率。由于公司净利率只有 2%左右，仓库租金一旦浮动就会吃掉利润，所以公司选择重资产运营，把成本都固定下来。

公司拥有 377 万平方米仓库的产权，不但可以规避租金变动吃掉利润，土地增值还能让公司有利可图。而且很早的投入让 Sysco 的土地成本相对较低，从而使其具备了成本优势，稳居市场领导地位。

每年有如此大规模的订单，下游一个月的账期意味着巨额的资金占用，为什么 Sysco 还有钱开疆拓土呢？

跟国内分散弱势的种植农户不同，Sysco 的上游主要对接的是超大的农场主，他们有比较雄厚的资金和贷款支持来填补下游的账期。这也是国内企业学习 Sysco 模式的天然"屏障"，一旦算上垫付的上游资金成本，不但限制企业扩张，还可能吃掉微薄的利润。

降低管理成本也是 Sysco 的省钱秘籍。由于分公司众多，公司将各地的分仓都视为一家独立的运营公司，除财务、采购等后台操作统一由公司管理，前端的运营、人员调配等完全放权给这些运营公司，并且让他们自负盈亏。

灵活的机制让仓库可以更好地适应"本地化+熟人化"的生意模式，并为中小型生产商提供专业和季节性产品，降本增效。Sysco 内部还建立了一个 BBP（Best Business Practices）的知识库，帮助子公司之间分享和寻找解决某个问题的经验。

对于"高投入、低净利"很多企业避之不及，但它却构成了 Sysco 的竞争壁垒，使其行业地位无人能撼。更难能可贵的是 Sysco 并没有因为规模优势，成为一个臃肿的胖子，而是在不断成长。

当然大家可能还会说，Sysco 值得学习的还有并购模式以及丰富的产品线等。其实在笔者看来 Sysco 成功的核心就两点：一是内求，就如稻盛和夫说的不断地精益求精加强自我管控能力，以提升竞争力。二是不断市场化的思维，永远站在客户需求角度，为客户创造价值。

Sysco 正是基于此，从最初并购 8 家小型公司开始，到全产业链服务公司，Sysco 正在从客户的"后勤保障"公司变成"未来引领"公司，让自己变得无法超越。对比之下，中国的预制菜企业依然任重道远。

第三章
群雄逐鹿正酣

相比国外预制菜的发展，中国预制菜虽起步较晚，但中国预制菜赛道已经涌现出不同基因的选手，可谓群雄逐鹿正酣。专业赛道选手里有 C 端预制菜第一股的味知香，以及 B 端预制菜第一股的盖世食品，也有老牌食品企业布局预制菜获得不俗成绩的安井食品，还有农牧水产企业如国联水产，更有具备烹饪优势的餐饮企业如眉州东坡酒楼旗下的王家渡食品以及西贝推出的贾国龙功夫菜。当然作为具备渠道优势的零售企业自然也不甘落后，盒马为此专门成立了针对预制菜的 3R 事业部。

不同选手一亮相便有明显的基因差别，他们凭借各自所长进入预制菜赛道呈现出百花齐放、百家争鸣的表现，给我们带来了什么样的启示？

一 预制菜专业玩家味知香

将国内预制菜推上公众视野的真正转折点是味知香的成功上市。2021 年 4 月 27 日，味知香在上海证券交易所成功上市，成为 A 股第一家预制菜上市公司。

据味知香财报披露，味知香 2021 年营业收入 7.65 亿元，同比增加 22.84%，归属上市公司股东净利润为 1.33 亿元，同比增加 6.06%。从销售收入来看，味知香近几年一直保持着两位数的高速增长。2017 年到 2021 年收入同比增长分别为 23.41%、29.87%、16.41%、14.80% 和 22.84%。如果不是因为上市这件事，味知香或许一直像潜艇一样隐匿于波涛汹涌的海面下，其创始人夏靖夫妇也一直选择低调前行。

味知香的成功算得上是预制菜行业白手起家、草根逆袭的典范。1978年，夏靖出生于安徽省庐江县，像大多数安徽人一样，18岁的他选择到江苏谋生。2002年，24岁的夏靖靠自己的打拼在苏州一个农贸市场租了一个铺面，开了一家蔬菜店。勤奋加上好人缘，和周围居民的关系也越来越好，后来又为苏州多家学校、医院供货，生意开始初具规模。那时的销售额，好的时候一年有一千万元。而触发夏靖预制菜梦想，是源于一次一位来买菜的白领的抱怨，"买菜回去处理太麻烦，要清洗，还要切菜，如果有那种买回家直接烧热就可以吃的菜，就方便多了"。说干就干，于是夏靖把多年的积蓄全部投入筹建预制菜工厂和生产线。然而转型之路并没有让夫妻俩看到希望，反而弄得焦头烂额。不是夏靖不够勤奋，或许就像马云曾说过，阿里巴巴的成功是靠运气，而非勤奋。马化腾也说过，创业初期，70%都是靠运气。2010年好运开始眷顾夏靖，在上海静安区一家农贸市场，一位相信他的摊主选择了与其合作。2010年6月18日，味知香上海长顺店开业，这是味知香在上海的第一家加盟店，也标志着味知香预制菜之路的正式开启。两年后，味知香似乎找到了高速发展的通关密码，那就是通过零售渠道（经销商和加盟店）主攻C端市场，到2013年加盟店已经接近200家。据2021年年报显示，味知香已拥有1319家加盟店，合作经销店572家，构建了以农贸市场为主的连锁加盟生态圈，近距离触达消费者。味知香加盟店营收占比也从2016年的13.7%，增长至2021年45.99%，达3.47亿，占到公司近一半的收入。

目前味知香已开始多品牌布局。"味知香"作为主品牌用于经销店和加盟店，面向个人消费者；"馔玉"这个品牌涉足冷冻食品批发业务，面向酒店、餐厅、食堂等；"味爱疯狂"定位高端火锅食材，专注各地特色美食的"搜香寻味"；同时推出"知香工坊"这个品牌，涉足火锅底料及调味包板块。

味知香作为 C 端预制菜的先驱者和探索者，我们来复盘一下它成功的必然性与偶然性，希望能为预制菜行业带来一些可借鉴的经验。

第一，夏靖的创业背景。作为在农贸市场经营蔬菜生意起家的他，对于预制菜原材料有着足够的认知和了解。这就好比笔者在重庆认识好几个火锅做得不错的老板，他们以前都是做水产批发生意的，所以在原材料采购和成本掌控方面还是具有相对优势的。

第二，起步市场的选择。味知香第一家店诞生于上海，且目前主要市场集中在华东地区，近三年在华东地区营收占比分别为 97.60%，96.81%，96.80%。虽然那时预制菜还没火起来，但华东市场相较于我国绝大多数地区生活节奏较快，消费者本来就有潜在的需求，味知香的出现刚好可以填补当时相对空白的市场。

第三，口味包容性。大家都知道上海其实是一个移民城市。据相关数据显示，上海是全国外来人口占比最高的省级行政区，高达 42%，外来人口有 1,030 万。外来人口占比高的城市，文化与饮食习惯在这里体现出高度的包容。因为笔者有客户在上海，去他那出差，吃饭时发现坐在一张桌子上的 10 个人，可能来自 8 个不同的地方。所以在点菜上就没有特别的菜系指向性，更多是融合性较强的菜品。所以，从味知香的产品线中看不到味知香预制菜有着某个菜系的明显痕迹，就是这种没有特色的菜，在移民城市反而成了包容性的最好解决方案。

第四，恰逢预制菜风口的到来。疫情是预制菜快速发展的催化剂。来自味知香门店的大众点评网友评论，疫情封闭期间团购最多的就是味知香半成品，对于烧菜新手来说绝对是智慧选择，品种也非常多样化，食材都挺新鲜的……除了疫情，另外一个原因当然就是资本对预制菜的热捧，对于此时的味知香来说简直就是锦上添花。

味知香作为预制菜赛道专业选手，在经历了上市之初高光时刻，2021 年

5 月 19 日最高点的 138.8 元后，开始一路走低。截至 2022 年 10 月 17 日收盘，其股价为 51.60 元，相比高点合计跌幅超过 60%。于是就有投资者在互动平台上对味知香提问称："你说要深耕主业做大做强，为社会行业发展做贡献，你的自信来自哪里？线下发展缓慢，线上做不过，新产能迟迟不见公布，不要拿国内外的消费需求作比较，文化不同消费理念也不同，国内受制于口味的多样性，差异性，集中度未来不一定能实现较大的提升，你拿什么为投资者寻求更多回报？看看股值持续下跌被投资者抛弃的原因吧。"

对于味知香来说，未来之路或许充满挑战。这种挑战一方面是源自外部群雄逐鹿的预制菜竞争环境，而更主要的原因或许还是其内部。

首先，味知香从上海开始，主战场聚焦华东，但目前加盟店和经销商在该区域呈现饱和态势。以 2020 年数据为例，当时味知香的加盟店有 1,117 家，销售金额为 3.2 亿元。折算下来其单店年产出 28.6 万元，平均单店每月产出 2.39 万，折合每天平均是 796 元。按照 40% 的毛利计算，每天是 300 元左右，每月按 1 万元毛利核算，扣除房租和人工，味知香的门店经营情况或许只有内部人士更清楚。另外从 2021 年全年 7.65 亿销售来看，加盟店渠道实现营收 3.5 亿，同比增长 8.4%。虽然依旧保持着增长，相比其他渠道增速相比明显要低得多。经销渠道实现营收 1.3 亿，同比增长 24.3%；批发渠道实现营收 2.4 亿，同比增长 31.5%；直销渠道实现营收 0.19 亿，同比增长 268%。从这个数据可以看出加盟渠道的增速是最低的，而这个增速里还包含了 2021 年新增的 202 家加盟店。想当初意气风发的陆正耀携舌尖英雄高调进军预制菜，结果惨遭滑铁卢。希望这样的事不会发生在味知香身上。

其次，虽然味知香目前已有 300 来个单品，但缺乏像信良记小龙虾、美好小酥肉这样的爆品。这样的爆品不仅能迅速建立品牌认知，而且还能全国通吃，对于打开全国市场来说，就如同关公用大刀温酒斩华雄一样轻而易举。

再则，味知香总共拥有接近 2,000 家人、财、物都独立于公司的销售终端（包括经销商和加盟商），管理难度随着企业扩张而急剧上升，一旦管理不到位，轻则导致产品销售受阻，如果引发食品安全问题，必将使公司品牌形象受损。小龙坎、蜜雪冰城等餐饮加盟连锁品牌，由于在管控方面的疏忽，爆出食品安全问题，这已有前车之鉴。

最后，欲成霸业，需有王之胸怀。味知香的官网显示其品牌口号——买预制菜就选味知香。味知香是否找过品牌定位公司为其做咨询服务，这个不得而知。但从这句口号可以看出味知香的野心，那就是希望占位预制菜这个品类。有句话说得好，欲成霸业，需有王之胸怀。但似乎味知香在研发和品牌宣传方面的投入似乎显得有点小家子气。据味知香 2021 年年报显示，其研发人员仅 7 人，上市前才只有区区 4 人，研发费用之前也长期低于100 万。虽 2020 年增至 125 万，2021 年大幅提升至 225 万。2018 年到 2021年，其研发费用率分别为 0.19%、0.17%、0.20%和 0.29%。我们来看看同行的数据，安井食品 2021 年研发人员数量为 341 人；海欣食品 2021 年研发人员有 119 人；惠发食品的研发人员数量为 166 人，三家企业其研发费用占比分别为 0.95%、1.13%和 2.86%。也就是说味知香调整后的研发费用仍然偏低。还有一点就是味知香除了拓展线上市场有一定的宣传费用外，在线下渠道鲜有费用的投入。

综上，味知香作为预制菜专业赛道选手，成功登陆 A 股为预制菜市场带来信心的同时也面临诸多问题。

味知香想要保持稳健高速增长，站在品牌战略咨询的角度，笔者提出以下几点肤浅建议。

首先，聚焦 C 端预制菜。建议砍掉"味爱疯狂"及"知香工坊"这两个品牌，一是高端食材预制菜市场份额太小，二是火锅调味品市场早已是红海竞争。真正践行其口号所诉求，买预制菜就选味知香。这是味知香起家的主业，也是被验证过能跑通的业务模式，可以参考一下日本的神户物产模式。

其次，聚焦细分市场。买预制菜就选味知香，预制菜是一个极大的品类，不可能被味知香独占。例如，喝饮料，就喝××品牌，这是不可能被独占的。所以饮料市场必须再次细分，进化出预防上火的饮料——王老吉；红牛定位功能饮料，提出困了、累了就喝红牛。味知香需要思考的是，买（？）预制菜就选味知香，这个括号里的问号指的是预制菜的细分市场。

再则，逐步完善产业链。娃娃哈顶峰时期盛行一句话叫"渠道为王"，在存量时代"心智认知"崛起，移动互联网时代又有一种说法叫"用户为王"。这些说法不管时代如何变化都没有错，因为这是基于市场和竞争的说法。但是对于企业内部来讲，即使搞定市场，也还得强大的内功作为支持。比如，水产预制菜玩家的国联水产在整合产业链资源方面就做得比较好。所以，逐步完善产业链，往上游端整合资源，是为了更好地应对外围竞争。

二 预制菜专业玩家盖世食品

有"北交所预制凉菜第一股"之称的盖世食品披露 2021 年财报显示，期内公司实现营业收入 3.44 亿元，同比增长 57.29%，归属于上市公司股东的净利润为 4,284.42 万元，同比增长 60.85%。

盖世食品成立于 2002 年，坐落于辽宁大连。公司主要以海藻、食用菌、鱼子等系列海产品为主要食材，为国内外餐饮企业提供预制凉菜的一家企业。盖世食品有着 28 年食品出口经验，产品出口日本、美国、欧洲和东南亚等 50 余个国家和地区。盖世食品下设大连和江苏淮安两个工厂，合作有数千亩海域原料产地。2016 年 4 月，盖世食品在全国股转系统（新三板）正式挂牌，并于 2021 年 1 月进入精选层，2021 年 11 月 15 日成功上市北交所，成为预制凉菜第一股。

这家销售额不到 4 亿的预制菜企业，除了业内人士，相信其他人对其知之甚少。但如果说到盖世食品的客户，那可都是耳熟能详的品牌。国内品牌有西贝、呷哺呷哺、和府捞面、喜家德水饺等，国外客户也是一些知名品牌，如日本的吉野家、日本兼贞食品株式会社等都是其客户。虽然官网合作伙伴一览并没有显示海底捞，但据盖世食品发布的公开发行股票说明书时提到，包括海底捞、安井食品等都是其客户。

我们从盖世披露的信息中可以看出，近几年盖世食品销售额与利润一直保持稳定增长。2017 年至 2020 年，公司营业收入分别为 1.36 亿、1.90亿、2.30 亿、2.19 亿元，归属于上市公司股东的净利润分别为 710.10 万、1,968.27 万、3,093.27 万、2,663.57 万元。到了 2021 年销售与利润更是实现大幅增长，销售收入为 3.44 亿元，同比增长 57.29%，归属于上市公司股东的净利为 4,284.42 万元，同比增长 38.5%。除了得力于预制菜正处于高速发展期外，更与其厚积薄发有关。

首先，坚实的基础。盖世在转战国内市场之前，20 多年来这家公司的产品出口日本、欧美等全球 50 余个国家和地区，从未发生过食品安全问题。公司除了获得美国 FDA 认证、欧盟水产品生产企业认证、英国零售商协会 BRC认证外，还积极参与相关标准的修订。以海藻沙拉为例，当时此类产品没有严格的标准，盖世食品通过大量的数据，成功推动修订国标 GB2760，让调味裙带菜标准与世界接轨。盖世食品对于食品安全的重视程度以及在推动行业相关标准建立方面，确实值得其他玩家学习。

其次，聚焦细分赛道。我们前面提到整个预制菜领域，行业集中度较低，整体呈现长尾机构。而在预制凉菜细分领域，行业集中度更低，登陆资本市场的更是寥寥无几，以至于盖世食品在上市申请中列举竞争对手时，只能拿 A股中三家生产鱼丸和虾丸的公司来充数。或许是大家觉得预制凉菜这个赛道太小，天花板太低，所以没有引起其他玩家和资本的关注，反而留给盖世在这个细分领域深耕的好机会。据相关调研数据显示，一人食中的凉菜点餐率极高，喜家德高达 27.5%；遇见小面为 21.4%；曼玲粥店为 24%；窑鸡王则是 26%；吉祥馄饨为 23%。结果是不起眼的预制小凉菜，跑出一个巨人。另据美团数据显示，截至 2021 年 10 月，该年度"一人食"订单占套餐总量的 55%，同比增长 86%；2 人餐订单占套餐总量的 30%，3 ~ 4 人餐订单占套餐总量 12%，5 人以上聚餐订单仅占 3%。同时美团数据显示，单身青年吃得最多的单人餐 TOP3 分别是小吃简餐、咖啡奶茶、火锅。相信随着"一人食"经济的不断崛起，盖世继续在这个赛道深耕一定会大丰收。

再则，极具战略的眼光。2013 年的时候，盖世食品国外业务占比高达九成。在看到国内餐饮高速增长及大连锁背景下，开始国外、国内两条路齐步走。盖世食品 2017 年至 2019 年，海外销售收入占主营业务收入的比例分别为 74.18%、58.31%、54.80%，海外销售占比开始出现人为下降走势。2017 年，日本兼贞食品是盖世的第一大客户；到了 2018 年，海底捞成为公司的第一大客户。根据公开发行说明书提供的数据显示，2017 年至 2019 年，盖世食品对海底捞的销售收入占营收的 4.42%、24.00%、28.32%，2021 年上半年，该公司对海底捞的销售占营收的 27.69%。

最后，强烈的品牌意识。虽然盖世食品从代加工起步，业务范围主要聚焦 B 端，但对品牌建设相当重视。2021 年，盖世与窄门集团达成合作，成为窄门集团年度金标合作伙伴。2022 年更是大手笔，总冠名第十三届上海国际餐饮食材展（杭州站）暨 2022 中国（杭州）预制菜未来峰会。这次展会深深打上了"盖世"的烙印，大会所有官方宣传品及物料上面，"盖世杯"字样不仅将品牌放大，更是让业界看到了盖世在品牌建设上一掷千金的豪气。

另据相关报道显示，2022 年盖世食品又推出了"美式煮海鲜"系列预制产品，这一产品与之前盖世食品主打的预制凉菜不同，"美式煮海鲜"是一款预制热菜。从凉菜到热菜，看似都是预制菜领域，但是两者在关键要素上还是存在较大差异，有人认为这是跨界。但在盖世食品董事长盖泉泓眼里，海鲜源自自有基地，不存在缺货情况，而且它离工厂很近，获取没有难度。自己有工厂，还有加工的能力，同时市场也有海鲜食品 C 端和 B 端餐饮的需求，所以进入海鲜类预制热菜也在盖世食品往常的选品标准之下，严格来说算不上跨界。或许盖泉泓想再次在这个细分市场里打造一只独角兽，但是在笔者看来这一选择值得盖世慎重考虑。

首先，在水产预制菜领域已经有先发优势的国联水产，无论是在原材料端还是加工及渠道方面或许都比盖世更具优势。本章下部分内容就是关于国联水产预制菜的详尽分析。

其次，消费者心智认知一旦养成，很难改变。盖世在 B 端客户已形成预制凉菜的认知，想要过渡到水产类预制热菜还是颇有难度。这在中国企业中已有很多失败案例，比如格力公司这些年下来，先后尝试了智能手机、新能源汽车和芯片等业务，但结果似乎都不大理想，提起格力，消费者脑海中始终会想起那句响亮的口号——好空调，格力造！

再则，渠道兼容性不强。盖世的 B 端餐饮客户，涉及水产品预制品需求的占比比较小。从其公布的 2020 年上半年大客户排名来看，前五是海底捞、安井食品、日本兼贞食品以及日本杰夫西和法国福迪克斯，它们对于水产类预制菜的需求都不太大。

作为销售收入 3.44 亿元，估值 10 余亿的盖世食品之所以开始"跨界"，一方面是在预制凉菜赛道"武功盖世，所向无敌"的孤独，另外一方面当然是想找到新的业务增长点，问鼎华山之巅。在笔者看来，不仅盖世这个名字霸气，而且其创始人盖泉泓骨子里有着对食品安全的足够重视，如果要想成为预制菜的巨无霸，对标美国 Sysco 给出以下几方面肤浅建议。

第一，深耕预制凉菜深度的同时拓展客户宽度。Sysco 在美国餐饮供应市场上占有率已经高达 16%，但有趣的是，Sysco 没有依靠单一的"大客户"。2021 财年中，没有一个客户占 Sysco 总销售额（513 亿美元）的 10%或更多。

盖世 2020 年上半年大客户中海底捞销售占比高达 27.69%，安井食品销售占比则为 13.22%，两者累加销售占据了整个公司超四成的业务。很多从事 B 端业务的企业，似乎都对单一大客户喜爱有加，但这种情况其实是存在潜在风险的。一旦大客户自身业务发展受影响，就会直接牵连自身；此外，如果这个大客户被竞争对手抢走，将会对公司业绩造成极大影响。所以，笔者团队在服务某 B 端复合调味品客户的时候，在品牌战略报告里将客户明确聚焦火锅腰部客户。一是这类客户具备较大成长空间，二是在产品研发方面自身没有建立完善的体系，更依赖于厂家。所以，盖世可以考虑开发和培养更多有潜力的中型客户，协助其成长同时还容易培养客户忠诚度，更能发挥其自身在产品研发、生产技术和食品安全方面的优势。

第二，借鉴成立之初的 Sysco。Sysco1969 年成立之初是通过合并 8 个小型工厂，在之后 10 年时间经过两次并购，到了 1979 年销售额一举突破 10 亿美元。盖世也可以借鉴这条路，收购或并购同为 B 端餐饮提供预制菜服务的企业。在笔者团队服务客户的过程中，非常清楚这样的企业不在少数。比如成都有家为串串香提供包菜牛肉的企业在销售额做到 2 个亿左右后一直徘徊不前，甚至呈现下滑趋势，其主要问题是产品研发和团队打造方面有所欠缺，再加上这个"赛道"鱼龙混杂。盖世作为上市企业，如果实施并购相信能为其带来更先进的技术和管理经验。同时随着国家对食品安全日渐重视的趋势，相信有一大批曾经踩准时代浪潮的企业，将会被更严格的食品安全管理条例无情淘汰，而盖世的优势就是其对食品安全的绝对重视，此时正是盖世大显身手的时候。

第三，重新思考战略定位问题。现阶段盖世顶着预制凉菜第一股的帽子没问题，但是想要做大就必须重新思考品牌定位和企业战略问题。盖世可以作为预制凉菜品牌，继续强化在预制凉菜品类的认知，同时学习 Sysco 将企业品牌和品类品牌梳理清楚，最终形成多品牌矩阵，相信未来的路一定更宽，更广。

在本书第一章我们分析过，2030 年我国预制菜规模突破 5000 亿还是有较大可能的，而且这个规模是餐饮端口，也就是 B 端市场。如果盖世能够做一个系统化的战略规划，届时只占据 10%的市场规模，也是 500 亿的销售规模，这已经是中国版的 Sysco 了。

三 水产玩家代表国联水产

2022 年 8 月 24 日，国联水产披露 2022 年半年报，公司上半年实现营收 24.15 亿元，同比增长 15.03%。其中水产预制菜业务上半年实现营业收入 5.61 亿元，同比增长 36.17%，预制菜业务的营收占比达 23.18%，相较于 2021 年 18.8%的营收占比提升超过 4 个百分点。国联水产近三年在预制菜板块实现了三连增，2019 年至 2021 年分别为 6 亿元、7.3 亿元和 8.41 亿元。在 2022 年 5 月的年度业绩说明会上，国联水产表示，公司寄期望 2025 年预制菜营收可以达到 25 亿元，并以此为目标强化公司内部研采产销及自动化信息化一体化建设。

国联水产是国内少数集全球采购、精深加工、食品研发于一体的海洋食品企业，为全球餐饮、食品、商超等行业的客户提供从食材供应、菜品研发、工业化生产的综合解决方案。国联水产主要产品可分为：以预制菜品为主的深加工类、初加工类、全球海产精选类。其中深加工及预制菜品以"龙霸""小霸龙"作为主打品牌，其他产品还包括水煮、裹粉、米面、调理、火锅、烧烤等系列。

国联水产作为国际领先水产品供应商，相较于味知香、盖世、西贝等其他预制菜玩家有着非常明显的竞争优势，体现在以下两方面。

第一，全产业链模式。国联水产首创从种苗、饲料、养殖、加工、质检到销售的全产业链运作模式，使得许多同行望尘莫及。向上游延伸的业务能力，涵盖了种苗、饲料、养殖，不仅大幅提升企业盈利能力，还能有效保证上游原料质量安全和供应稳定，凸显成本优势，有利于扩大生产经营规模，提高经营效益。

第二，全球化采购能力。公司成立于 2001 年，起初以对虾出口为主，2006 年后公司逐渐布局种苗、饲料等领域。2012 年公司以 1,500 万美金收购美国贸易公司 SSC，以 SSC 为中介进军美国市场，同时也便于在海外市场采购原料，进一步掌握水产品上游资源。国联水产同时是国内仅有的两家获得对虾、罗非鱼双 BAP 四星认证的企业之一。国联水产拥有全球化采购经验，已在中国、南美洲、东南亚和中东等地区对虾及综合水产品主要原料产地构建较完善的采购体系，实现全球化与规模化采购。以对虾为核心的全产业链布局以及完善的国外采购体系为国联水产发展水产类预制菜提供良好供应链基础。

国联水产作为水产领域深耕者，有着非常明显的上游原材料端优势，这也是笔者为什么建议盖世食品慎重考虑入局水产预制热菜的担忧之一。还有一个原因就是，国联水产积极布局新零售渠道，提升品牌 C 端渗透率。

国联水产全面布局电商销售平台涵盖天猫、京东、拼多多等主流平台，国联水产电商及新零售渠道营收从 2015 年 1,449.28 万元大幅增长至 2019 年 37,707.96 万元，4 年 CAGR 为 126%。2020 年电商及新零售渠道自有产品销售占比达 98%，毛利率大幅提升至 25%，逐步实现从产品供应商向品牌运营商转型。通过电商+商超渠道实现线上种草线下拔草的营销模式，提升品牌 C 端渗透率。

在传统直播带货基础上，国联水产加大抖音直播、小红书等新媒体营销投入，推动新零售渠道销量增长。据克劳锐指数研究院发布报告显示，国联水产邀请财经、新闻类达人为其预制菜背书，统计了包括味知香、珍味小梅园和麦子妈一共 4 个品牌，其中的国联水产的达人数量最多，有 113 人，另外三个品牌分别是 85 人、83 人、44 人。其中不乏@凯恩斯、@36 氪、@零售电商观察这样的大咖代表。国联水产还携手分众传媒启动超级投放，小霸龙品牌登陆全国实现超亿次曝光，引爆近 2 亿人次城市主流人群。

国联水产全面布局新零售引爆 C 端市场，不仅带来可观的销量，还收获了满满的好评。据微热点研究院对艾媒金榜公布的《2022 上半年预制菜品牌百强榜》前十名进行声量对比，结果显示，2022 年以来，"国联水产"成为品牌声量领先的预制菜品牌，收获了 149,612 声量。其余依次为海底捞（75,107 声量）、安井（72,335 声量）、正大（29,481 声量）、思念（18,810 声量）。同时在声量排名前五名的品牌中，微热点研究院对 2022 年以来品牌的美誉度进行对比，国联水产好评率为 86.43%，与安井的 85.43% 好评率，可谓不分伯仲，其次为思念、正大及海底捞。

国联水产之所以能收获如此高的好评，与其对研发的重视密不可分。国联水产 2016 年进入转型升级阶段，逐步实现由食品加工到产品研发的创新升级。国联水产已在上海和湛江两地建设食品研发中心，配备由国际大型连锁餐饮资深研发总监、研发总厨组成的研发团队，近年来持续研发预制菜品，研发出如酸菜鱼（懒人快煮系列）、金粟芙蓉虾（裹粉系列）、虾滑系列、虾饺（米面系列）、调味小龙虾尾（小龙虾系列）、蒜蓉粉丝贝系列等丰富多样的预制菜品，产品结构逐步由初加工向深加工转型。同时国联水产在研发投入方面也堪称大手笔，由 2015 年 3,748.5 万元增加至 2020 年 17,986.46 万元。2020 年国联水产针对优势品类加强研发，实现新产品立项 80 余个，成功上市 41 款新产品，如西班牙风情虾焗饭、咸蛋黄酥鱼皮、小龙虾鸡腿汉堡等，获得市场高度认可。

国联水产作为水产品加工企业转型预制菜领域，在研发上的投入相较于作为专业预制菜选手出身的味知香，有着明显的优势。

国联水产在转型预制菜之路算是尝到了甜头，对未来国内预制菜市场更是信心满满。国联水产已收到证监会批复，同意 10 亿元定增的注册申请。此次定增主要用于扩充预制菜产能，扣除发行费用后，拟将 2 亿元用于子公司广东国美水产食品有限公司中央厨房项目，拟将 5 亿元用于子公司国联（益阳）食品有限公司水产品深加工扩建项目，拟将 3 亿元用于补充流动资金。本次定增募投项目实施完成并投产后，将新增年产能 4,000 吨虾饺、1 万吨烤鱼、4,000 吨虾滑、1,000 吨酸菜鱼、2,500 吨米面类海洋食品和 2,500 吨油炸类水产品，合计新增产能 2.4 万吨。另将增加年产能 1.53 万吨小龙虾和 2.97 万吨鱼类深加工产品，年规划产能 4.5 万吨，两者合计约 7 万吨。国联水产表示，公司希望通过本次增发募资把握住预制菜行业发展趋势，提高预制菜生产能力，培育新的利润增长点。

但据相关报道，国联水产由于近三年连续亏损及信息披露违规等问题，预制菜被寄予厚望，力图成为第二增长曲线。从当下来看，国联水产在布局预制菜方面取得了不错的成绩，但是否能够真正做到老骥伏枥，志在千里仍将面临巨大挑战。

首先，水产预制菜或迎来激烈竞争。与盖世在凉菜预制菜赛道的孤寂相比，国联所处的水产预制菜赛道就显得热闹非凡了。已递交上市申请的鲜美来如果上市成功不仅会抢占水产预制菜上市第一股，且其销售额也不容小觑。2019 年到 2021 年，鲜美来收入分别为 9.11 亿元、8.50 亿元、9.15 亿元，从销售额来说两者旗鼓相当。如果说鲜美来是直接逼宫者，那么獐子岛及恒兴的加入，必将引发一场旷日持久的水产预制菜大战。

其次，预制菜尝鲜潮后理性的回归。相比其他预制菜品类，水产品对于"鲜"的要求更高。"鲜"是水产品的灵魂，人们普遍喜欢追求"现杀现吃"。水产品自身特点决定了经过储藏后口味会"去鲜"，即便是经过冷链运输处理也难以将本味固存，所以水产品预制菜在口味方面损失较大。一旦预制菜尝鲜潮退去，这才是考验企业真正实力的时候。

再则，核心竞争力有待提升。国联水产虽然在全产业链上有优势，另外在新零售推广方面也属于先发制人，但是并没有建立品牌认知的区隔及爆品。当预制菜从爆发逐步回归理性后，一定是品牌认知的竞争。

当下预制菜处于爆发的上升期，或许大多入局者都希望趁机完成第一桶金的挖掘，少有像美好（小酥肉）、信良记（小龙虾）、王家渡（低温午餐肉）这样的企业把爆品打造上升到战略层面，但可以预见，未来 3 年左右预制菜企业一定会迎来一波洗牌，制定正确的品牌战略或许才能未雨绸缪。

四　餐饮玩家代表贾国龙

2020 年 12 月 8 日，西贝创始人、董事长贾国龙在 2020 中国企业领袖年会上发表了"五年七战，屡战屡败，屡败屡战"的主题演讲，当提到预制菜时，"西贝是我用我的姓去命名的，西贝贾。这个（贾国龙功夫菜）是把我的名字赌上去了，而且还有一个 LOGO 是用的人头标，基本是我用人头担保。（贾国龙功夫菜）将来怎么也得超过王守义十三香吧。"

被贾国龙寄予厚望的贾国龙功夫菜，似乎没有如同降龙十八掌一样威震四方。

据北京商报 2022 年 8 月 10 日报道，本就是悄然开业的贾国龙功夫菜首家体验店，午间营业时被贾国龙临时叫停，直到晚市仍未恢复营业。8 月 10 日，贾国龙功夫菜首家体验店开始试营业，但北京商报记者 13 时 10 分左右到达该门店时，发现已经不能进场体验。门店相关工作人员解释：原本中午应该营业到 14 时，但老板现要求目前停业整改，"具体原因不详，恢复营业时间待定"。晚间时分，该门店工作人员表示门店开业时间再次延迟了。

贾国龙功夫菜首家体验店的开业并不太顺利。这家体验店原定于 8 月 5 日开业，但当天却并未开业。北京商报记者走访时从店员处得知"8 月 10 日开始试营业"。如今却再次被叫停，叫停的人正是西贝创始人贾国龙。

北京商报记者注意到，该体验店不同于之前改造后的全国首店，并非与"现制菜"相结合，重心再次回到了预制菜上，与该品牌全国首家门店刚开业时的模式较为相似。从现场来看，贾国龙功夫菜首家体验店设置了用餐区、档口、加热区等多个区域，并设有许多冰柜，都存放着贾国龙功夫菜的产品。消费者可选择购买后在现场加热、由店员代为加热或是直接带走。值得注意的是，门店内还设有水吧，售卖咖啡和酸奶等饮品，其中美式咖啡售价在 10元。整体看来，体验性较强，场景和品类更为多元化。门店工作人员表示，体验店约有 660 平方米左右，主打预制菜产品，售价与线上商城相同，并设有多人家庭场景用餐区域。

无独有偶，近期贾国龙功夫菜的多家门店均在进行调整。大众点评显示，贾国龙功夫菜多家门店都已经歇业关闭，其中上地宏达店的门头已经摘下，门前还贴上了多张招租电话。

除了线下陆续关店，贾国龙功夫菜线上的销售情况也并未出现大卖的情况。

时代周报记者在淘宝上了解到，贾国龙功夫菜旗舰店销量最高的为西贝莜面村酸汤鱼 300 克的产品，月均销量为 100 多。在店铺的功夫菜分类中，销量前三名为糖醋小排、草原羊杂汤、草原羊蝎子。但三种产品月销量均未突破100，其中部分产品的介绍中写道与西贝莜面村门店同款。在贾国龙功夫菜京东旗舰店，按照销量排序为糖醋小排、番茄炖牛腩、胡椒猪肚鸡，最高评论为1000 多。另外西贝莜面村旗舰店的销售商品，均介绍为贾国龙功夫菜，销量最高的仍为莜面鱼鱼产品。另根据蝉妈妈旗舰版数据显示，近 30 天贾国龙功夫菜旗舰店在抖音内累计开播 8 场，发布新视频 37 条。累计销量为 354（直播占 100.00%），销售额也仅为 6,026.90 元（直播占 100.00%）。

与贾国龙同为餐饮老炮的信良记创始人李剑，在预制菜方面却是如鱼得水。2020 年罗永浩带货信良记直接刷新直播小龙虾销量纪录，创下信良记小龙虾单场 51 万多斤，拍出金额超 5,000 万的销售纪录。信良记自 2019 年针对 C 端推出预制小龙虾，仅用一年时间便拿下天猫旗舰店生鲜品类销售第一、抖音龙虾类目年度销量第一、京东最受欢迎小龙虾品牌的电商销量"帽子戏法"。2022 年的 618，信良记在三大电商平台，再次捍卫了小龙虾头部品牌地位。天猫平台销量较去年同期增长 50.46%，京东、抖音平台蝉联销量冠军。

贾国龙功夫菜之所以败走麦城，在作者看来主要有以下几个问题。

首先，选品问题。和信良记剑指小龙虾相比，贾国龙功夫菜缺乏聚焦的大单品。我们先来看看信良记所在的小龙虾赛道，据 2022 年 7 月 11 日美团发布《2022 小龙虾品类发展报告》显示，小龙虾经历了 2015 年的崛起、2018 年的巅峰、2019 年的雪崩。在 2020 年以来的疫情冲击下，线下小龙虾消费市场趋于理性的同时，疫情也催火了小龙虾的电商消费和新零售，直播带货的小龙虾销量更是屡创新高。2021 年我国小龙虾产业总产值为 4,221 亿元，其中以餐饮为主的第三产业产业为 3,030 亿元。另据美团显示，2021 年线上小龙虾订单量增长了 88.72%，消费金额增幅为 111.29%。由此可见，小龙虾这个品类的天花板有多高。而我们反观西贝前三拳头产品，无论是京东旗舰店的糖醋小排、番茄炖牛腩、胡椒猪肚鸡还是淘宝的糖醋小排、草原羊杂汤、草原羊蝎子。这几个单品在笔者印象中，一直都没有入选过近几年餐饮类大单品。

其次，产品定位问题。贾国龙功夫菜定位主要为正餐消费，只有当消费者中午或者晚上在肚子饿的时候，才会有消费的可能。而信良记小龙虾除了作为正餐，还可以作为夜宵乃至追剧或者看球赛的零食。消费场景的多元化在拓宽销售渠道的同时，也符合当下兴趣电商冲动消费属性。

再则，性价比问题。当初贾国龙功夫菜刚上市不到一个月，便有食客调侃说"人均 100 吃点啥不好，非要吃加热食品？""花了 200 块吃了一顿外卖"。这样没有人间烟火气的成品菜，和其定价相比显得有点尴尬。有这个消费能力的办公室白领，肯定不会选择，而作为 90 后、95 后预制菜的主力消费群体，却对价格极其敏感。以爆红的自嗨锅、拉面说、螺蛳粉的"宅男三宝"为例，产品平均客单价为 40 ~ 50 元，功夫菜如此高的产品定价让其在预制菜领域显得毫无竞争优势。说到这里，不得不提信良记小龙虾在洞察消费者需求和挖掘痛点方面就做得很好。除了与顶流直播间合作之外，2022年 6 月，信良记更是豪掷亿元，在全国 22 个城市启动分众电梯广告投放，打出"餐厅的味道，一半的价格"口号，掀起"小龙虾爽到家"的热潮。信良记小龙虾除了表象上的主打性价比，其实是源于疫情下对消费降级真谛的把握，那就是"在不牺牲生活质量的前提下，不降低品质"。信良记不仅预见到，而且还做到了。

最后，定位认知问题。说到贾国龙功夫菜，就得先说西贝，这可是定位咨询界一直争论不休的话题。西贝前后经历四次品牌定位的调整，从"西贝莜面村""西贝西北菜"，到"西贝烹羊专家"，最后又回到"西贝莜面村"。2010 年以前，西贝莜面村还是一家主攻西北风土餐饮特色的企业，一年营收近 5 亿元。但在西贝莜面村发展的 10 多年时间里，品牌始终受困于定位问题。一方面，"莜"字常常被错认为"筱"，品牌记忆力不强；另一方面，游离于传统八大菜系之外，西北菜概念并不清晰。于是贾国龙找到特劳特，将品牌定位确立为"西贝西北菜"，在食材和原料上打健康牌，强调"90%的原料来自西北的乡野与草原"。然而在具体操作过程中，西北菜却遇到了难题。由于品牌宣扬 90%的原料来自西北乡野和草原，导致产品研发制作和运营受到束缚，就连一个辣椒，也只能被迫选择西北辣椒而不是可能更好的四川辣椒。后来，贾国龙又把专家从特劳特换成里斯咨询，聚焦羊肉，后者将西贝定位确立为"烹羊专家"，并将原有菜单进行删减。但由于当时羊肉成本过高，客单价高，以及南方多地夏天不吃羊肉的饮食习惯，导致西贝在定位烹羊专家后，就面临客流下滑的问题，不得不改回"西贝莜面村"。改回"西贝莜面村"后华与华利用超级符号原理和公关活动强化品牌认知，最终西贝的品牌定位尘埃落定。后来正如贾国龙所说，花几千万弄清自己是谁，也算没有白折腾。现在，西贝的莜面单品销量占整体销售额的 15%~20%。每年仅凭莜面就能轻松卖到 10 个亿。经历西贝四次定位折腾后，贾国龙还信不信定位理论笔者不得而知。但是从功夫菜身上，确实看不到定位的影子。笔者同样也是从事品牌战略咨询工作，扬特劳特、里斯以及华与华众家所长，避其让客户聚焦而自身不聚焦之短，所以专注餐饮及食品行业。虽从不夸大定位的功效，单从定位角度来讲，贾国龙功夫菜确实存在定位不清晰的问题。比如功夫菜这个品类，缺乏足够的认知。还有就是升级的 2.0 版本，取消半成品菜的零售，取消"复热"菜品，全部变为"现做"，主打"66 道经典中国菜"。这个对于广大消费者来说，也存在至少两个明显的问题：一是普通消费者乃至饕餮也不清楚 66 道经典中国菜是什么？二是作为擅长西北菜的贾国龙，消费者完全有理由担忧，囊括中国大江南北集八大菜系精华的 66 道所谓经典中国菜是否口味正宗？

看了深网作者对话贾国龙，"三年大旱，一场大雨草原就会绿"的采访，笔者从骨子里还是挺佩服这个爱折腾的西北男人。"之前一直认为贾国龙功夫菜是零售，想破零售的局。"贾国龙说，小饭馆模式和外卖模式的创新度还是不够。贾国龙功夫菜经多次迭代，目前贾国龙准备发力美食市集模式，从零售回归到西贝擅长的餐饮。

五　零售玩家代表盒马鲜生

预制菜有多火，本章前面已提到了味知香作为面对 C 端的专业预制菜玩家，盖世食品也是预制菜专业选手，不过业务聚焦 B 端；还有拥有上游供应链资源的国联水产和餐饮赛道出身的贾国龙预制菜。虽然预制菜这条路探索过程困难重重，但谁又能抵御得了散发着诱人气息的预制菜这个超级大蛋糕。作为拥有强大渠道能力和资本的新零售企业早已耐不住寂寞。之前已有阿里"菜划算"和美团"快驴"两大巨头也搅局卖菜市场，以及彼时风光无限的美菜。现有叮咚买菜、盒马鲜生、沃尔玛厚积薄发。据相关数据显示，叮咚买菜已设立 40 多家工厂，其中自营工厂有 7 家。叮咚买菜第一个上线的自有品牌预制菜"拳击虾"，仅上线 2 个多月，就实现了 8,000 多万元的 GMV（商品交易总额）。当前，叮咚买菜全国全年累计拥有预制菜产品 SKU 超过 1,000 个。2021 年第四季度，叮咚买菜预制菜销售额占整体 GMV 的 14.9%，未来的占比有望进一步提升。沃尔玛中国相关负责人曾对《时代周报》记者表示，目前，沃尔玛预制菜品类已覆盖了家常菜、地方特色菜、火锅等近 100 多个品项，疫情以来，预制菜销售火爆。其中，广东市场增长尤为明显。2022 年，沃尔玛还会继续加大预制菜业务投入。同一时期，盒马鲜生相关负责人则对《时代周报》记者表示，2022 年，盒马自有品牌预制菜 SKU 数量增至 25 个。2022 年5 月，盒马自有品牌冷冻预制菜销售额同比增长 559%，同时，2022 年盒马自有品牌团队还创新推出了空气炸锅预制菜，并计划围绕明星厨电继续创新研发冷冻预制菜商品。

下面笔者就以盒马鲜生为案例，简单聊一聊作为新零售企业入局预制菜的不同玩法。

2020 年 3 月，盒马成立 3R 事业部（Ready to cook，Ready to heat，Ready to eat），以即烹、即热、即食定义了盒马的"预制菜"。该事业部成为集研发、加工、零售为一体的预制菜新零售企业。盒马 3R 事业部总经理宁强曾公开表示，"盒马 3R 的使命是成为用户的厨房，为用户破解不好吃、不新鲜、没时间、不会做的四大难题"。

盒马买菜数据显示：2021 年，预制菜销售额同比增 70% 多；2022 年年货节，预制年菜销售同比增长 345%；2022 年，"五一"期间，北京地区预制菜销量环比上涨 5 倍。盒马工坊近期第一次公开了其品牌成立以来的部分成绩单。截至 2022 年 4 月，盒马工坊面向全国推出了商品数量已达 1,300 款，其月销售额已超过 1 亿元，其中盒马工坊推出的一款产品——手工鲜做馄饨，月销量已经超过 1,000 万份。在盒马鲜生的门店内，盒马工坊目前已经成长为其货架上销量最大的自有品牌。

　　单看这个成绩，盒马在预制菜方面的销售已经初步崭露头角，盒马预制菜崛起背后又有哪些与众不同的地方？

1 品牌定位优势

　　盒马的 3R 事业部以即烹、即热、即食定义了盒马的"预制菜"的同时，也定位了品牌。那么和前面讲到的"买预制菜，就选味知香"有什么区别呢？先给大家举两个简单的例子，格力电器和国美电器。虽然这两个品牌后面的品类名都是电器，但在消费者的认知却天差地别。好空调格力造，转换成消费者心智认知后的购买行动则是，买空调，首选格力。如果要在更多品牌和不同类别的电器做对比时，怎么办？那当然是去国美。因为国美的定位是销售电器的卖场，格力的定位只是空调专注者。有了这个理解，就很好解释盒马的优势了，那就是盒马把自己定位于一个预制菜的超级卖场。在这个卖场里，如果能达成合作可以卖味知香的产品，也可以卖其他品牌的预制菜以及自有品牌的预制菜。但是，味知香可以卖竞品的产品吗？显然不能。同理，盖世的定位是预制凉菜，想跨界到预制热菜或者小龙虾，倒是可以的，但是难度一定比盒马要大。

　　因为预制菜在我国才开始起步，而且还处于风口上，所以这个行业还没有细分和进化。但是随着商业竞争的加剧，品类的细分和进化是必然的结果。届时预制菜产业一定也会进化成如同其他成熟行业，一方面是专注细分领域的领导者，而另一方面则是综合平台型企业，盒马则是后者。

2 区域性、灵活性

中国地域辽阔，饮食文化多样性，所以才演变成经典的八大菜系。而盒马在这方面就凸显出其独特的优势。盒马工坊已覆盖全国 23 个城市，不仅在每个城市做到因地制宜、本地本味，也在尝试把更多的地方美食带到各地。最早冰醉小龙虾这道菜品主要出现在本地的高级餐厅。四年前，盒马结合上海本地市场的特点，率先推出了零售化的冰醉小龙虾产品。上市后，这款产品的配方还经过多次了调整。如今它不仅在上海地区售卖，也在北京的盒马店内销售。在不同区域销售的冰醉小龙虾，口味也有所不同。例如上海人喜好甜口，因此在上海的冰醉小龙虾偏甜，而在北京销售的同款产品则更咸。

3 大数据优势

在结合本地的饮食文化习惯基础上，盒马工坊还利用数据来提高选品的灵活性。比如，口味偏好，哪些人偏好买熟食，哪些人喜欢买半成品。这些数据配合行业经验，进一步指导盒马工坊做更精准的选品决策，并指导新品研发调整方向。在盒马的一次发布会的展示环节，盒马工坊重点介绍了酸辣柠檬去骨凤爪。这是一款快速研发，并广泛被市场接受的产品。研发之初，盒马工坊的团队注意到了该口味凤爪在小红书等平台的高搜索、讨论度，结合他们所掌握的行业数据，他们迅速研发出了这款适合零售渠道销售的产品。"我们有很多维度丰富的行业数据，细化到某一个分类里某个具体的口味排名等，这会导致我们的成功率非常高。"

4 直达用户的渠道优势

由于预制菜明显区别于果蔬、肉禽等生鲜类商品，也不同于保质期长，标准化生产的食品类商品。盒马工坊推出的鲜食产品主要分为熟食、面点、半成品和时令点心这四类。"这四个品类形成了盒马工坊对顾客 3R 服务的基本矩阵，一日三餐从早上一直到晚上包括时令需求我们都可以满足。"所以盒马可以依托其终端门店，将预制菜的生产日期控制在最新。"和盒马工坊的合作，让我们第一次走出川渝，把保质（鲜）期只有 7 天、需要全程冷链的牛肉卖到了全国各地。"张飞牛肉有限公司董事长文平在发布会上表示。最早，张飞牛肉只是入驻盒马门店供应牛肉干等零食类产品。后来它也跟成都地区的盒马店合作，推出了张飞牛肉的预包装产品及部分低温产品。2022 年 4 月，这项合作又往前走了一步。7 月 30 日，张飞牛肉推出的系列低温保鲜产品借助盒马的冷链物流网络，实现了面向全国 13 个主要城市，200 多家门店的销售。在产品研发方面，双方也深度合作。针对上海消费者的区域口味特征，张飞牛肉专门推出了面向上海消费者的口味偏甜的麻辣牛肉干。

据盒马内部人士透露，尽管这部分保鲜时效只有 7 天的低温产品在公司销售产品中的比重并不高，但是通过盒马在全国的零售网络及品牌效应，这部分产品的月销售额增长了 10 倍，从 20 万增长到了 200 万。如今他们采用日订单的模式，每天中午拿到盒马在全国的门店订单数据，下午生产，凌晨就能将当天门店需要的产品运到销售地。如果盒马在这方面能够聚焦资源，不仅未来能为其带来可观的销售，更能建立与其他预制菜独一无二的差异化竞争优势。

5 整合上游供应端的优势

宁强认为，疫情期间消费需求发生了显著变化，消费者对各类食品的品质标准提高了。随着到家模式的快速渗透，顾客对于配送时效和产品保鲜度上的要求也变高了。"当市场和环境发生变化时，对鲜的诉求是没有改变的。"所以对上游的工厂、品牌方提出了更高的要求。保质期短、区域性强的鲜食类产品在上游仍然缺乏成熟稳定的供应商；其次冷藏鲜食如果要覆盖全国消费市场，并满足最后三公里的保鲜配送标准，就需要更适应这类食品的冷链物流予以搭配。此外，从整个市场环境来看，尽管餐饮零售化趋势越来越显著，但是无论是零售商还是餐饮企业都存在着各自的短板。在零售端，虽然现在的便利店越来越重视鲜食产品，商品结构也被逐步丰富，但由于这个行业特定的场景，它能销售的 SKU 相对比较有限。

而在 SKU 相对丰富的大卖场场景里，零售商往往又面临着同质化产品竞争的困境。"最重要的是研发能力不足，很难制造出超出顾客预期口感的东西和超出顾客预期品质的东西。"宁强分析道。在餐饮端，尽管餐饮企业有很强的菜品研发能力及市场调节能力，但是在菜品零售化与餐馆里"马上做马上吃"的特征具有显著的差异。在菜品转化为零售商品的过程中，生产的标准化和营销层面的品牌化都是餐饮企业需要新解决的一系列难题。供给侧目前存在的这些问题，恰恰也是盒马工坊进入 3R 领域参与竞争的机会。它的优势仍然来自订单。零售渠道的积累的数据，既帮助了盒马工坊的选品及新品研发，同时有助于他们在上游选择合适的合作伙伴。"与盒马的合作给我们的启发是，原来我们门店的销售理念，应该随着消费群体的转变发生转变。因为新观念、新零售离不开线上销售，原来实体店的一些陈旧的销售理念需要逐步淘汰。"上海杏花楼集团的副总经理徐岭，在发布会上分享道。此前他们与盒马工坊合作，在短短 10 天内推出了一款青团新产品。尽管销量只有 15 万盒，但是对于这个本土老字号品牌而言，与盒马这类新零售渠道的合作，有助于帮助他们提升品牌能力，以适应这个快速变化的消费市场。

看完了盒马在发力预制菜方面的优势，盒马是不是就可以在国内预制菜市场从五种不同基因的玩家里优先胜出呢？现在下这样的结论未免为时过早，一是中国预制菜的整体发展还未趋于理性，二是盒马预制菜主要面对 C 端市场，然而这个市场在整个预制菜规模里目前毕竟只有 20% 的市场份额。

第四章
直击预制菜痛点

信良记创始人李剑在其短视频账号上发布"预制化会成为未来的趋势"话题时提到，"未来 10 年，90% 的厨师会被预制菜干掉"和"未来 10 年，90% 的餐馆必须使用预制菜"两个观点，瞬间引爆业内人士话题，甚至很多圈外人士也是踊跃评论，积极抒发自己的观点。在 6000 多条评论里，其中有 5000 多条都是"反驳""怒斥"甚至是"开骂"的。

"预见未来、万物皆可预"，以李剑为代表的中国预制菜玩家，对未来国内预制菜前景可谓是雄心勃勃。反观 C 端消费者，似乎对预制菜存在诸多抵触，其中的痛点是什么？对于已经接受预制菜的 B 端商家，他们还有哪些需求未被满足？预制菜在 B 端与 C 端渠道打造方面又有什么差别？如何看待预制菜是否会替代厨师？如果将来都预制化了，去哪寻找人间烟火气？随着食品技术的发展，预制菜能否还原现炒的味道？又如何让消费者明明白白吃上放心的预制菜？

这是本章将带领读者一起深入讨论的话题。

一 C 端消费者画像及痛点

我们在第一章讲到，由于预制菜作为 2022 年才兴起的一个新品类，关于预制菜至今还没有一个权威且统一的标准。导致大家对预制菜的理解和划分存在认知模糊，所以究竟是谁在消费预制菜，这是首要需弄明白的问题。

从预制菜最直接的竞争者来看，一方面是方便速食食品，另一方面则是外卖。所以预制菜与方便速食、外卖的消费群体也有着一定程度上的重合。

首先，我们先来看美团发布的外卖消费群体报告。据美团数据显示，外卖用户，女性用户的占比较高，达到 66.01%。用户的年龄分布主要在 40 岁以下，其中 24 岁以下占比为 22.57%，24～35 岁占比为 54.7%，36～40 岁占比为 17.82%。可以看出，美团外卖用户群体更偏年轻化，且用户群体绝大部分为上班族。

其次，我们再来看看方便速食的消费者基本画像。据 CBNData（餐宝典）提供的方便速食人物画像来看，方便速食的主要消费人群为"Z 世代""小镇青年""都市蓝领"，而消费增速最快的则是"精致妈妈""新锐白领"以及"Z 世代"人群。

根据上面两个数据我们大概可以看出，外卖消费群体和方便速食的消费群体存在两个共性，一是年龄偏年轻化，二是女性消费群体是生力军。其实这个很容易理解，女性不仅要奔波于职场还要肩负起照顾家庭的责任，所以外卖和方便速食成了很多时候不得已的首选。

那么预制菜的消费群体究竟是谁？我们来看看下面几组数据。

笔者在整理艾媒咨询发布的 2022 年中国预制菜行业发展趋势研究报告（本章简称艾媒报告）后，发现预制菜的消费者主要有以下四个方面特征。

第一，女性顾客占比高于男性。女性顾客占比为 58.4%，相较于男性顾客占比的 41.6%，高出 16.8 个百分点。女性顾客群体高于男性的原因，笔者在分析外卖和方便速食消费者画像时已做总结。

第二，预制菜的消费群体中主要集中在一、二线城市。其中 45.7% 的用户来自一线城市，19.8% 的用户来自二线城市，三线城市的用户占比为 16.4%。从这个数据我们可以看出，一线城市用户在预制菜整体消费者中占比接近一半。造成这个数据的原因，一方面是一线城市的生活和工作节奏都快于其他城市；另一个原因就是目前预制菜受线下网点以及物流效率的影响，预制菜很难全面抵达四、五线城市。

第三，从区域用户量来看，华东区域占比最高。在预制菜用户中，华东区域的用户占比最高，为 31.7%，其次是华南、华北、西南和华中区域，占比在10%左右。华东占比高，这个很容易理解，因为华东区域尤其是长三角地区本就是中国经济活跃之地的代表，吸纳的年轻劳动力人口基数高以及消费节奏更快，所以预制菜目标消费群占比最高也是理所当然。有了这个认知常识，就知道为什么西北地区没有统计数据了。一是西北地区地广人稀，二是生活节奏相比华东地区较慢。其中还有一个很重要的原因，就是西北地区的人在饮食习惯上更讲究"往往高端的食材只需要最简单的烹饪工艺"。比如宁夏的盐池滩羊，仅需用白水加盐煮熟即可。这样的饮食方式，也是目前预制菜很难企及的。这些分析结果，或许能为预制菜企业下一步区域市场的布局提供些许肤浅的参考。

第四，预制菜消费者中青年群体占比最高。22 ~ 40 岁的用户占比为81.3%，而这个年龄阶段中再细分，会发现年龄在 31 ~ 40 岁的用户占比接近一半，高达 46.4%。为什么 31 ~ 40 岁的用户占比这么大，这个数据值得仔细解读。还记得第一章里笔者结合预制菜的相关定义以及自身服务预制菜行业客户的经验给出的关于对预制菜的理解吗？我们在这里再简单回顾一下。关于预制菜的理解，笔者认为一个很重要的指标，那就是"预制菜，后厨工业革命的衍生品"。另外在产品消费场景上也做了描述，那就是无论通过 B 端还是 C端将产品售卖给消费者，但消费场景主要还是以餐桌就餐形式完成。有了这两个概念，就能很好理解 31 ~ 40 岁的用户占比最高的原因了。因为这个年龄阶段的人大多数都是已有家庭的职场人士，需要工作和家庭同时兼顾，所以自然成为预制菜的主力消费群体。

另外来自天猫的数据也再次印证了这种说法，天猫统计数据显示预制菜的消费主力主要来自节奏快、压力更大的一、二线城市。2022 上半年，一线城市预制菜成交增速达 258%。另外不同年龄的消费者对于从预制菜客单价的接受度也有着较大差异，"80 后"消费人群偏向于 50 元价格内的预制菜，占整体比例的 46%；100 元的预制菜主要由"90 后"消费人群购买。

那么我们在弄清楚了预制菜的主力消费群体画像后，我们再来为读者进一步剖析，预制菜主力消费群体在消费预制菜时存在哪些消费痛点。

在笔者团队做案子时，经常会和客户提到，发现痛点，才能解决痛点。如何发现痛点？痛点的挖掘，首先是基于对消费者真实需求的了解。我们先来看看预制菜消费者对于预制菜都有哪些需求，即作为一个消费者，我为什么会选择预制菜？

我们来看看消费者选择预制菜的理由和动机。艾媒报告里提到购买预制菜的第一动机是为了节约时间，占比为 71.9%；第二是对美味的需求，占比为 36.9%；第三是不愿意做饭，占比为 30.4%；接下来的需求分别是健康需求及不会做饭原因使然，占比为 26.6% 和 24.9%。节约时间这个动机占比第一，其实很容易理解。因为随着整体社会的快速更迭和生活节奏的加快，大家越来越注重效率。同样经济学里讲，人们面临权衡取舍时，其中有一个很重要的要素就是时间。因为每个人的时间都是一样的，当你花 2 小时去做饭，可能你的同事选择预制菜做这顿饭只花了半小时，那么节约下来的一个半小时就可以花在工作上，赚取更多的钱。

也就是说节约时间、便捷是消费者选择预制菜的不可或缺的基础条件。而这是社会进化使然的前提，也是催生预制菜快速发展的重要因素之一。那么，是不是在满足效率前提下的预制菜都会被消费者所青睐呢？当然不是。我们接着往下看。

艾媒报告中指出，高达 61.8% 的预制菜消费者更关注口味还原程度。这也是我们关于预制菜的理解里提到的，预制菜源于传统烹饪的一道菜肴，所以要尽最大努力还原菜品的口味。因为预制菜是一道端上餐桌的菜肴，它不是只为果腹的快餐，所以消费者对其味道的关注理所当然。

另外还有一个数据值得关注，那就是 83.8%的预制菜消费者认为预制菜比外卖更安全。虽然外卖方便或许还美味，但是背后频频爆雷的食品安全问题，已是不争的事实。

所以消费者认为预制菜急需解决的几大问题里，其中口味和食品安全问题才是最真实和核心的需求。

是不是在兼顾时间效率、口味还原和食品安全的预制菜，就能够在价格大放光彩呢？消费者对于预制菜的心理价格区间多少最合理呢？该报告显示最能被预制菜消费者接受的价格区间在 21～30 元，占比最高为 36.50%；其次是这个区间左右的两个价位，占比不相上下。11～20 元区间价格，占比为 24.66%；31～40 元区间价格，占比最高为 23.55%。也就是说超过 80%以上的消费者能接受的预制菜价格区间在 11～40 元这个区间。换句话说就是，消费者在算一笔账，自己买食材做这道菜的花费是价格的下限，同样分量的这道菜在餐厅售卖的价格是自己能接受的上限。

再加上近几年反复的疫情，使得大家兜里的钱缩水严重，于是消费降级这个说法再次被大家关注。笔者曾经给"红餐网"撰写如何理解消费降级这个话题时提出过自己的观点，消费降级就是在不降低生活质量的前提下去掉不必要。所以消费者对于预制菜的痛点就出来了，那就是去掉自己买菜做饭的烦琐过程，不以牺牲菜品口味和食品安全为代价，最后还具备价格优势。这就是信良记小龙虾凭借"厅的味道，一半的价格"，成为预制菜小龙虾顶流的关键所在。

综上所述，我们可以用下面这段话把预制菜主力消费群体画像以及购买预制菜时所关注的焦点做个简要明了的总结。

年龄在 31～40 岁，事业与家庭需同时兼顾，生活在一、二线快节奏城市的女性是预制菜的主流消费群体。她们希望预制菜在提升效率的前提下，狠抓食品安全和尽最大可能还原菜肴味道，这样的产品价格最好在 20 ~ 40 元，而这个价格区间对标的是在餐厅售卖价格为 40 ~ 80 元的菜品。

除了信良记，还有珍味小梅园也瞄准家庭消费场景，提炼出"轻松做好菜"的理念。2021 年开始，珍味小梅园升级迭代原有产品，细分出家常菜系列、特色面点系列、网红菜系列、家宴菜系列四条预制菜产品线，也取得了不错的销售业绩。另外，麦子妈近几年发展势头也不错。

二 B 端消费者画像及痛点

预制菜 B 端消费者画像相较于 C 就端显得非常明确了，因为我国预制菜本来就是由 B 端起步，再逐步过渡到 C 端。B 端客户主要由酒店、大型连锁餐饮、团餐、乡厨以及中小餐饮等为主的 B 端餐饮渠道和 KA（大客户、重要客户）商超渠道构成。目前预制菜 B 端客户主要以餐饮商家为主，所以本书也以餐饮客户进行重点分析。为什么预制菜在 B 端受到消费者如此青睐？我们就需要先了解餐饮未来发展的几大趋势。

笔者在给《四川烹饪》杂志的稿件里，曾对餐饮行业未来发展的几大趋势做过详细阐述，现择选其中部分内容。在未来 2 ~ 3 年，餐饮行业这几个现象将愈演愈烈，马太效应愈发明显；受疫情影响更多餐饮品牌不再盲目扩张，而是稳中求发展；还有就是受消费市场影响，餐饮将呈现明显的两极分化；最终越来越多的餐饮将步入万店连锁时代并受到资本的青睐。

餐饮行业马太效应越来越明显，强者越强，弱者越弱。像海底捞、西贝、老乡鸡这样的头部品牌将会聚集更多的优势资源，进一步提高所在品类的竞争门槛。同时，求稳会成为 2022 年以及未来三年左右餐饮关注的重点方向，大家将会放缓扩张的步伐，将由以前的快速扩张变为注重质量的稳中发展，大家将重新审视市场和业务模式。另外，餐饮将会出现严重的两极分化，一方面是简餐、快餐、地方特色小吃等品类入局者会越来越多；另一方面注重高品质食材的餐饮也会受到更多人的青睐。

万店连锁将成为主流。对比美国餐饮，中国的连锁化程度还很低，但是随着餐饮供应链能力的不断提升，以及消费者品牌意识的崛起，连锁以及万店连锁是必然趋势。正因为基于餐饮能够跑出大连锁品牌，所以近几年的餐饮融资异常火爆，且呈现两大两高特点：大手笔、大机构、高估值、高频次。原因很简单，互联网、房地产行业去泡沫化，所以资本将更多的钱瞄准了餐饮行业。比如 2021 年上半年，仅腾讯一家对外投资的金额就高达 931 亿元。所以未来几年，更多的资本将会涌入餐饮赛道。

无论是大品牌深耕和求稳，还是高频、刚需低价餐饮进一步争夺市场份额，抑或进入万店连锁时代及资本对餐饮高速发展的期望，这将必然促进餐饮企业对预制菜的进一步需求。需求背后，是餐饮企业为了适应当下及未来竞争不断进化的必然。

首先，降本的需求。做过餐饮的人都知道，餐饮最大的两个运营成本就是人工和房租，恰好预制菜在降低厨师技艺要求以及用工数量上能够给予很好的解决方案。同时预制菜在降低厨房使用面积以及提升出餐效率和经营坪效方面的优势都非常明显。中国饭店协会做了一项数据统计，当一家餐厅预制菜占比达到整体菜品的 30%～40%，人力成本将由原来的 24.6%降为 18.5%，下降6.1 个百分点；房租和物业成本则由原来的 11.4%下降为 10%，降 1.4 个百分点。做餐饮的朋友可以去算一算这个账，是非常可观的。

其次，标准化需求。餐饮想要快速稳步地扩张，标准化是基础。肯德基、麦当劳为什么能全球飘香，其中标准化功不可没。火锅为什么在 2015 年便能成为国民第一美食，很大一个原因也是因为火锅率先实行了锅底的标准化，味道能够得以保证。正是因为火锅锅底的标准化，也催生了复合调味品的蓬勃发展。复合调味品行业不断发展，又再次反哺火锅调味更加简单易操作。在不久的将来，预制菜行业与餐饮行业之间也会呈现高度相似的境况。

再则，减少对厨师的依赖。我们以前去一家饭店吃饭，是不是经常有这样的疑问，这家店菜品的口味为什么没前几次的好吃了？于是都会忍不住问老板这样一句话，"老板，你家换厨师了？"虽然老板拍着胸脯保证厨师没换，但我们更相信我们的舌尖。诚然，在之前几十年里，决定一个店生意好坏以及能否开更多店的因素，除了老板的经营管理外，还有一个很重要的因素就是厨师团队的稳定性。但是随着预制菜的出现，餐厅对厨师的依赖大大减小。比如，眉州东坡酒楼，早就实现了梅菜扣肉、东坡肘子等菜品的标准化。使得其多年前就走出四川，还能保证味道的统一。随着预制菜的兴起和对餐厅的不断渗透，预制菜是否会取代厨师这个话题也被大家热议，为此笔者会在本章为各位读者做一个详细的解读。

最后，提升运营效率。在预制菜走进公众视野前，外卖早就开始使用各种料理包，这其实是提升运营效率的必然。我们都知道外卖尤其是专注工作餐的外卖，主要集中在中午 1 个小时左右的时间。如果自己买食材，再加工成成品不仅对人工需求量大，关键还耗时，而如果使用预制菜效率将得到大大提升。以盖饭举例，红烧牛肉盖饭使用料理包的话，商家往往只需要提前把米饭蒸熟，然后再把小菜用水氽好备用。待订单来了后，高温水桶里已解冻的红烧牛肉浇头拆袋铺在米饭上即可完成一份外卖的出品。整个出餐过程控制在 3 分钟内完成，不仅大大降低了出餐时间，还可以实现规模化的增量，从而大大提升运营的效率。其最终的结果是，外卖小哥也不用催单和等单，顾客也会在第一时间拿到"味美"的便当，这完全是多方需求都能满足的完美解决方案。目前不仅外卖，大型的中低端宴席、乡厨和火锅店都开始越来越多地使用预制菜以提升运营的效率。

在清楚了 B 端餐饮客户对预制菜的需求后，我们来看看他们在选择预制菜的时候又关注哪些问题？

　　C 端购买者即消费者和决策者，但往往 B 端采购者不等于消费者，所以 B 端的采购决策更趋多元化，而且不同 B 端决策者，在采购时所关注的点还存在差异。但是这些差异的背后，还是可以归纳出几大共性。

　　共性一，对价格的关注。不管是哪类 B 端客户，对于价格的关注都是相同的。因为在当下竞争激烈的餐饮市场，要想增加 2 块钱的纯利，就得想办法增加 10 块钱的销售额。因为即使做得好的餐饮品牌净利率也很难超过 20 个百分点。但是如果在采购成本上节约 2 块钱，相比增加 10 块钱的销售额就显得容易多了。因为这 2 块钱如果换作销售的话，尤其是针对较大规模的连锁体系，采购量自然也较大，所以往往会在价格谈判上倾注更多精力。

　　共性二，对产品口感和卖相的关注。虽然 B 端决策者不是最终产品的使用者，但是他们对于预制菜口感还原度和产品卖相的关注度却不容小觑。因为他们很清楚，一旦他所选择的产品得不到消费者的认同，会大大影响其店里的口碑和生意。尤其是作为一家已经经营多年且拥有较为稳定客源和良好口碑的餐厅，假如以前使用的是自己餐厅厨师现做的产品，所以非常担忧一旦将其切换为预制菜后引起 C 端顾客的警觉，最终影响其生意和口碑。除了这顾虑外，还有一个担忧就是预制菜的卖相。毕竟预制菜不比现做现卖的菜，无论色泽还是摆盘造型上还是存在一定差异。这种担心在中餐中还不太明显，比如前面提到的东坡酒楼旗下的梅菜扣肉，只要加工和存储得当，二次复热效果就不会有明显差异，而且顾客也很难察觉这是预制菜品。毕竟自己在家里面也有把梅菜扣肉一次做很多份拿去冷冻，需要的时候再复热的习惯。但是对于火锅预制菜这个问题就比较明显了，因为火锅大部分涮菜都属于生食类产品，端上桌第一时间的卖相决定了消费者对这道菜的直观感知。笔者见过很多跟风的火锅调理肉制品预制菜小工厂出来的产品，解冻后无论在色泽还是产品保水性上都做得不甚理想。端上桌后，给顾客的直观感觉像极了过夜后的产品，所以这类产品确实很难得到 B 端餐饮决策者的喜爱。

共性三，对账期的需求。如果说 C 端是一手交钱一手交货的话，那么 B 端则是货我先拿去卖回头再给钱。每个餐饮品牌对于账期的设定有所不同，有的是滚动结款，即这批货送达，接上批货款。但绝大多数餐饮企业都是以固定账期结算，长的三个月乃至半年都有，一般采用较多的是 45 天账期。账期的背后，一是可能会给预制菜商家带来潜在的风险，比如餐饮品牌的倒闭抑或其现金流的短缺，将导致账期遥遥无期；另外一方面是对自我现金流的高要求，要求预制菜商家要有合理的资金计划，否则也会因待收账款过多，导致自身经营出现问题。

共性四，对食品安全的关注。除了大型餐饮企业或许建有自己的研发室和检验室，对于绝大多数中小餐饮企业来说对于食品安全的把关就是按照相关要求做好索证、建立采购台账之类的流程来把控食品安全。所以，对于食品安全的关注，也是 B 端餐饮非常关心的话题。虽然按照国家相关规定，如果餐厅出现食品安全问题可以进行追溯，但毕竟自己会成为第一受害者。如果处理不当，昔日门前的车水马龙将会变得门可罗雀。

除了上述共性外，B 端还存在一个明显的差异化，那就是定制需求和对标品使用的相对不满。大 B 客户，往往都会采取专项定制，而小 B 客户由于自身体量原因，往往无法要求厂家定制，只能选择使用标准品。往往大家对标品接受度不高，因为任何一家餐厅，哪怕是使用预制菜，也希望能有自己的招牌菜或特色菜，标品就很难达到这个要求。但是不是所有的标品都不受餐厅的欢迎呢？那倒不一定。比如美好的小酥肉就是一个标品，却被众多商家广泛接受。这就考验预制菜企业能否将标品变成爆品的战略眼光和技术实施能力了，针对这个话题笔者会在本章"渠道抉择以及爆品战略"部分着重点分析。

三 C 端预制菜的稳步发展策略

曾经放出豪言，三年内要开出 20 万家线下门店的"趣店预制菜"，似乎对预制菜失去了兴趣。当初凭借"1 分钱请吃酸菜鱼"并请来明星站台，单日累计销量达 956 万份，直播期间账号总计涨粉 397 万，吸引 800 万人下单，销售额超 2.5 亿元，在烧掉 1.5 亿，热度仅仅维系了 17 天后，最终以罗敏清空抖音账号内容宣告结束。C 端预制菜的牌桌上，又一个玩家黯然离场。

无独有偶，陆正耀的预制菜品牌"舌尖英雄"日子也不好过。2022 年 8、9 月，"舌尖英雄"在北京、郑州、长沙等全国多个城市的加盟门店被曝关闭、经营异常。"舌尖英雄"在全国开出的第一家门店正式宣布闭店，仅存活了短短七个月的时间。目前，从"舌尖英雄"的小程序看到，北京有多家门店显示"休息中"。这个曾被陆正耀寄希望于"另一个瑞幸"的项目，不仅没有实现"瑞幸速度"，还正经历着关店潮。

无论是罗敏还是陆正耀，两位具备"钞能力"的人，追逐预制菜风口的结局似乎都表明，即使预制菜的故事足够性感，也有可能演变为凄惨的事故。

两位拥有"钞能力"的人梦碎 C 端预制菜，究竟是其"不忘钞能力的初心"使然，还是 C 端预制菜本来就是镜中花、水中月？

2022 年 8 月，预制菜品牌珍味小梅园创始人浦文明向外界透露"未来要做一万家预制菜社区店"。为此，浦文明招聘了近 200 名线下销售，全力主攻线下社区专营店。

曾经非常看好电商平台的浦文明为何来了个 360 度的急掉头？

2021 年小梅园整体销售差不多 2 亿元，但仅天猫就占据了近 45% 的销售额，如果再算上京东、抖音、快手，线上合计贡献了约 8000 万元销售额。在这光鲜的电商销售数据背后，浦文明却感叹与头部主播的合作令其"缓不过神来了"。他曾与李佳琦合作过一款酸菜鱼，三盒售价 78 元。主播坑位费虽报价 5 万元，但托关系、找机构推荐，产品被选中时他已花掉了 20 万元。他算了一笔账，以酸菜鱼为例，加上佣金、退货率，单场直播必须卖掉 300 万元才能盈亏打平。另外，随着头部主播的流量下滑，带货能力也大不如从前。

所以，迫切渴求利润的浦文明决定 2022 年转型，主攻线下社区店。官网显示，珍味小梅园现已开放加盟。

同样，麦子妈 2021 年实现 1 亿左右的销售额，其中近七成来自线上。即便极力优化店铺广告的投入，但线上盈利状况仍旧不乐观。

线上看似"钱途"美好，只有真正经历过才知道。转型线下似乎成了大家新的突破口，毕竟以线下门店为主的味知香坐上了 C 端预制菜第一股的交椅。但我们在第三章"群雄逐鹿正酣"关于味知香的内容里曾提到，上市后的味知香也面临市值和单店销售业绩双下滑的局面。

或许读者不禁要问，C 端预制菜究竟是销售策略的问题，还是模式问题，抑或 C 端市场自身就存在问题？接下来笔者将为读者献上一些自己的肤浅见解，希望能起到抛砖引玉的目的。

首先，C 端市场还有待培养。我们初中化学都做过这样一个实验，那就是用双氧水提取氧气时，加入二氧化锰作为催化剂，可以加速氧气分解的过程。同样的道理，2020 年的疫情就是预制菜从 B 端走向 C 端的催化剂。如果没有疫情的突然出现，预制菜还将继续隐藏于冰面之下的 B 端渠道，全面走向 C 端还有很长的一个历程。从美国和日本已经成熟的预制菜产业发展路径来看，已经得到印证。所以，预制菜真正被 C 端全面认知再到理性接受，还有待时间来慢慢培养。

其次，C 端的火是虚火而非真火。预制菜企业如雨后春笋般涌现，大家一窝蜂地扎进这个赛道，似乎缺乏理性的预判。目前我国有近 7 万家专业预制菜企业。从其注册名称或经营范围包含了"速冻、预制菜、预制食品、半成品食品、即食、净菜"里可以明显看出，这些企业都是直奔预制菜而来的。其中

56.6%的相关企业于近 5 年内成立。从近 3 年新注册企业数据看，2020 年为峰值，注册数量为 12,984 家；2021 年预制菜企业注册数量为 4,031 家，2022 年1—6 月就新增注册企业 1,020 余家。这类注册企业里，还不包括早已是老牌食品企业新布局该赛道以及餐饮和零售企业杀入该赛道的隐性参与者。

在 2022 年 9 月 23 日广州举办的亿邦未来零售大会用户增长峰会上，本味鲜物的创始人肖欣谈到预制菜是真火还是虚火时，他的观点笔者觉得很客观且真实。原文大致意思如下：

我（肖欣）和林总（叮叮懒人菜联合创始人）看法非常一致。预制菜里分几个维度，这个"火"看怎么定义：第一，从生产端看肯定比原来火，但是背后有一个虚"火"，大家都在上产能，这个产能短时期内不一定能被消化。从这个角度看产业生产端的火是一点点虚火，在短期内需要降温。第二，从产品维度看，是真火。到 B 端和 C 端都有一个趋势，预制菜真正变成一个菜肴所花的时间越来越短，B 端要效率，C 端要方便，预制菜供给侧不断迭代来满足市场需求，满足消费者和渠道的需求，会长期持续。所以，预制菜还需慢火慢炖，而不是一把大火烧起来。

"要慢火慢炖，而不是一把大火烧起来。"这句话非常值得大家理性地思考当下虚火的预制菜市场。

再则，点对点高昂物流费用，制约 C 端盈利能力。前面我们提到，麦子妈 2021 年实现 1 亿左右的销售额，其中近七成来自线上。即便极力优化店铺广告的投入，但线上盈利状况仍旧不乐观。

仔细分析不难发现，昂贵的点对点运输成本，是难以逾越的鸿沟。

以麦子妈曾推出单价 45 元的老坛酸菜鱼（3 盒打包 135 元）和 35 元的金汤酸菜鱼（3 盒打包 105 元），虽定价远高于业内 25 元平均价，看似有 65%左右高毛利率，但扣除 13%的增值税（普通消费品按照 13%征收增值税）以及超过 50%的配送费和投放成本占比，再加上人力成本及仓储费用等，利润早已荡然无存。

其中 50%的配送费及投放成本占比中，配送费用大概就会占掉其中三成。因为预制菜配送对温度要求极为严苛，冷冻品必须在零下 18℃的环境下配送，冷藏品在 0 ~ 4℃。虽然可以凭借京东和顺丰密集的网点，及近十年在冷链物流端的积累，轻松实现一、二线城市从下单、工厂发货到干支线配送的全流程服务。但在配送费上，也是一笔不小的开支。顺丰 20 元起送，京东的起送门槛为两千克，算上包材（冰块），两家公司的起送价格均逼近 30 元。"三盒装酸菜鱼，用来冷冻的冷媒（干冰、保温袋、保温箱）也得五六元。"这样计算下来配送费占售价的 30%左右。

最后，C 端消费者对预制菜存在的诸多痛点还未得以满足和解决，也是导致预制菜在 C 端受阻很重要的一个原因。这个话题，在本章第一部分已做过详细阐述，在此就不再赘述。

所以不管是疫情使然还是资本作为幕后的推手，被这把大火烧起来的 C 端预制菜，实则是虚火。虚火照中医来说得采取辨证疗法、标本兼治。如果按照这套疗法对 C 端预制菜进行全面诊治，就会涉及品牌战略、爆品战略、传播策略等系统工程。

针对 C 端预制菜线上叫好也叫座但不赚钱，线下门店模式受挫，如何快速突围？或许这才是大家更感兴趣的话题。核心思想只有一个，线上线下两手抓，两手都要硬。这句话听起来很熟悉，一点也不新鲜，往往真理就是这么朴实无华。自从万物互联后，似乎大家认为玩转互联网即可得天下生意。于是出现了这样一种声音，如果你错过了以淘宝为代表的搜索电商淘金的机会，那么你一定不能错过以抖音为代表的兴趣电商黄金时代。这句话针对早期吃到螃蟹的人或许没毛病，但是随着越来越多的玩家入局，抖音直播也变得非常卷。分众传媒创始人江南春曾说过，当两大红利消失，商业逻辑已悄然发生改变。这里的两大红利指的就是人口红利和流量红利。红利消失，迫使我们进入一个存量博弈的时代。这个存量博弈指的是市场在没有出现明显增量的前提下，后端过剩的产能直接引发价格战。

所以，直播带货变得越来越卷。这也是 C 端预制菜在线上叫好也叫座，但不赚钱的原因。另外由于直播带货本身并不具备太高的含金量，加上社会上诸多打着赚取直播红利的培训机构的开班办学，越来越多的人将不断涌入，竞争将会进一步加剧。

是不是想赚钱，就得将重心转移到线下呢？笔者倒不这样认为。因为，我们得搞明白以下几个问题，那就是互联网对于企业经营究竟有什么作用，线上与线下的底层逻辑又是什么？

首先，互联网于企业的三大功能。一是品牌在线上的宣传作用；二是产品销售功能；三是与线下形成互动最终实现流量转换的闭环功能。但由于大家往往太过急功近利，只注重产品销售功能，而忽略了另外两个功能。这里不是说销售不重要，当然非常重要！但是，虽然线上红利消失，但并不代表流量消失。因为按照营销的 4P 原理来讲，顾客在哪里，流量在哪集中，企业就必须出现在对应的地方。在没有互联网之前，为什么商业街区的黄金铺面租金比普通地段高出很多？因为那里有流量。现在线上哪里流量最集中，毫无疑问是抖音。据相关数据显示，抖音日活跃用户量在 8 亿左右，吸附了全国超过 57% 的人口（全国人口按照 14 亿计算）。除去不用手机的学龄儿童和一部分使用非智能机的老年群体，也就是说我国大部分主要劳动力都被抖音所吸附。就算企业根据品牌定位，再细分目标客群，相信很大概率他们都经常在抖音上出没。

其次，重新理解互联网背景下的线下经营。很多人都感叹互联网下的实体经营越来越难了。这是客观存在的事实，但也是时代不断发展的产物。就像刘润在 2021 和 2022 两次年度演讲都围绕一个主题"进化的力量"，唯进化，可生存。靠一铺养三代，在实体店坐等顾客的时代已经一去不返。所以我们需要重新理解互联网背景下的实体经营。什么样的实体经营是不可能完全被线上替代或者受其影响较小？有以下几种情形：第一，线上无法完成的消费行为，比如美容美发、健身等。第二，强社交属性，比如商务宴请目的的餐饮消费。第三，非计划性的消费，比如逛街时突然想喝杯奶茶，或者下班前半个小时才考虑晚上家里吃什么的问题。第四，高度依赖冷链物流的商品，因为这种商品如果采用规模化冷链运输可以省去打包箱里的附重以降低物流成本，还有就是产品到达离顾客最近的线下店需冷冻或冷藏保存。

很明显，C 端预制菜就符合后两种情形。

再则，打造线上和线下闭环生态圈。外卖虽然实现了线上接单，线下生产和就近及时配送，但是还没形成闭环生态圈。而我们反观，诞生之处并不具备强大线上运营基因的书亦烧仙草却将这个生态圈建成了。书亦烧仙草通过"抖音直播+小程序"，将产品亮点、品牌故事、优质供应链等内容，更直接地传递给用户。同时书亦烧仙草还引导用户打开小程序购买团购券，到店快速便捷核销，实现了直播间客单价高于日常线下水平。据相关数据显示，书亦烧仙草首次直播，就获得 450 多万观看人数，1600 多万交易额，56 多万新增会员。书亦完美地诠释了如何通过线上品牌推广，达到销量拉升及实现线下到店触达，最终完成从公域流量沉淀私域流量的完美生态圈的打造。

所以，C 端预制菜想要实现真正的稳步发展，就得两条腿同时走，踩着协调的步伐前进。切勿自断一条腿地盲目蹦跶，否则今日蹦跶得有多高，在不久的将来或许就会跌得有多惨。

四　B 端预制菜凸显围城效应

据多方数据显示，预制菜市场 B 端占据了 80%的份额，是 C 端 20%份额的四倍，可谓空间巨大。另外就是我们前面已经提到 B 端市场接受度无需培养，甚至有点渠道商家倒逼生产厂家加快预制菜的开发之势。

　　除了本书提到的专注预制凉菜第一股的盖世食品以及力求通过预制菜实现第二曲线增长的国联水产，取得不俗业绩外，像新希望旗下的新六合食品、思念旗下的千味央厨、安井食品以及王家渡食品等都取得了丰硕的成果。

　　除了市场规模巨大，B 端预制菜还有一个利好消息就是，整体行业仍处于长尾结构。据华创证券数据显示，相较于目前 3,000 亿市场空间而言，整体市场格局极为分散。龙头规模 10 亿以上，平均企业规模 1,500 万。目前只有少数头部企业达到 10 亿规模，包括蒸烩煮、聪厨（新湘厨）、佳宴食品、厦门绿进等，剩下则是亿元级别企业较多，行业内平均企业规模在 1,500 万左右，多承担代工厂任务。

　　B 端预制菜市场本该一路高歌，乘胜追击之时，却整体凸显围城效应。

　　趣店预制菜烧光 1.5 亿元，最终没有实现预期目标；舌尖英雄也出现闭店潮；就连专注 C 端预制菜的味知香，都是路漫漫其修远兮。关于 C 端预制菜"虚火"现象，我们已经做过详尽分析了，在这里笔者更想为读者分享的观点是，2B（企业对企业的产品或服务）企业转 2C（企业针对个人的产品销售或服务）首要是衡量"自身基因问题"。

　　笔者团队曾服务过这样一家客户，服务周期为三年。当初正好赶上火锅连锁蔚然成风的好机会，再加上老板卓越的胆识以及对我们所提供的咨询服务的认可，三年期间销售业绩实现了倍增。从 2 亿到 4 亿，再到 6 亿，为日后乘胜追击打下了坚实基础。2020 年销售额在 10 亿左右，目前处于 IPO 进行时。

　　2021 年春节刚过完，笔者接到一个电话，电话里说这家企业的老板为我准备了一个新年大礼包，于是欣然前往。打开礼包，发现里面的火锅底料包装变成了彩色包装（大多数 2B 企业都是透明袋贴一个标签），还误以为老板是为了表现对礼品的重视，聊天过程中才得知，这个包装的产品是为将来进军 C 端市场专门设计的。当天笔者还见到了将来负责 C 端市场的市场总监，这位总监来自一家曾靠走心文案风靡国内低端白酒市场的酒企。在长达两个小时的轻松聊天中，这位老板对于未来的 C 端市场可谓踌躇满志。当笔者给老板提出 B、C 两端还是存在巨大差异时，这位负责 C 端市场的新总监洋洋洒洒地阐述了从 B 端转到 C 端"天时地利与人和"皆已具备，连东风都不需要，这是她所认知的系统逻辑。当时的我有种"醍醐灌顶"的感觉，刹那间变得"茅塞顿开"。当初还想来个唇枪舌剑、华山论剑，但转念一想，老板与新市场总监珠联璧合，意气风发，况且又是即将上市的企业，身边高人无数，如果非要"卖弄"笔者的观点，就有点显得不合时宜，自讨没趣了。但对方基于曾经是笔者的客户，现在也是不错的朋友，于是，在临走时，说了一句肺腑之言，"2B 转 2C 问题的焦点不在于市场差异，而首要思考自身基因问题"。

说到基因，有一种理论称为基因决定论，指的是人的物质特征和精神特征大部分是由基因决定的。比如人的身高、俊丑、体能、健康等身体特征，智商、情商、性格等精神特征，通常情况下大部分在出生时已经固定了，后天可改变的空间并不大。后天改变不大，但不代表不能改变，比如通过后天训练或是发生基因突变，普通的父母所生的孩子也可能天赋异禀。

那么 2B 企业如果想 2C，由于基因使然，将会面临哪些具体问题呢？

大多数 2B 企业认为，2C 只是一种业务的拓展，并以此当作销售增长的第二路径。然而事实或许并非如此，看似如此简单，实则是一种系统的转型。弄不明白以下三个问题，将面临极大的失败可能。

首先，很难打破惯性思维。

惯性思维也称思维定势，就是按照积累的思维活动经验教训和已有的思维规律，在反复使用中所形成的比较稳定的、定型化了的思维路线、方式、程序、模式。这种思维模式，通常有两种表现，适合思维定势和错觉思维定势。前者是指人们在思维过程中形成了某种定势，在条件不变时，能迅速地感知现实环境中的事物并做出正确的反应，可促进人们更好地适应环境。后者是指人们由于环境发生改变，对事物感知做出错误决定。

由于 2B 企业的老板一直都处于 2B 的大环境下，所以自己的生意几乎不和 2C 打交道。即使为了进入 2C 市场，强迫自己刻意练习也好，或者新建 2C 的团队也罢，在很长一段时间也很难找到新的感觉。即使强迫自己去了解 C 端市场，但是老板再也回不到曾经首当其冲带领团队冲杀在市场第一线的状态了。稻盛和夫曾说过"工作现场有神灵"，任何正确的决策都是源于对现场工作的足够了解和对未来即将发生事情的预判。或许有人会说，只要有良好的机制，老板不需要像曾经创业时苦战市场第一线，用好和管好职业经理人团队即可。如果针对一个商业模式已跑通的企业来说，确实没什么问题。但是 2B 转战 2C，笔者个人认为更多属于创业行为，所以老板不足够了解市场一线动态，恐难快速做出正确的决策。

其次，从生产销售型到品牌营销型转变的考验。

2B 企业的关注点主要集中在三个方面：技术研发、生产管理和销售管理。一旦转战 2C，除了在销售管理上的不同，还有就是在品牌塑造上存在较大差异。2B 在销售管理上，客户画像明确、销售沟通一对一、销售成交搞定关键决策人物即可。虽然搞定关键决策人物的方式也是多样化，但在中国人情公关是比较常用，也是相对好用的一种方式。进入 2C 后，你发现原有的逻辑完全变了。首先，如果没有明确的品牌定位，客户画像必然模糊不清；其次，和客户沟通方式发生了变化。因为 C 端客户不仅基数大，还经常"居无定所"，所以可能像 2B 一样和客户建立一对一的沟通，往往都是通过媒介来完成。还有就是在销售达成环节，搞定 C 端客户主要依靠品牌认知的建立，即我们常说的明确的品牌定位。本书第六章主要就是围绕品牌定位展开，与市面上讲理论不同，笔者主要聚焦服务过客户案例的干货分享。

所以相较于 2C，2B 更简单，业务模式简单，对老板对品牌认知的要求也简单。

再次，产品思维与用户思维的差异。

产品思维，是指站在产品生产者的角度去思考问题，利用自身资源最大化做出最好的产品，在满足用户需求的同时实现产品最大效益化，产品思维更关注如何打磨好产品。

用户思维，是指站在用户的角度去思考问题，一切以满足用户需求为核心，站在用户同理心视角，去开发产品以及和客户沟通。

可能有的读者就会问了，2B 的业务也会倾听客户的意见，也经常搜集客户对产品使用问题的反馈等，怎么就说我们没有站在客户的角度去思考问题呢？还有就是用户思维，难道就不需要钻研产品了吗？为了把这两个问题比较形象地说清楚，举两个发生在我们身边的真实案例。

某 APP，有一键登录和验证码登录两种方式供你选择，你会选哪一种？相信更多的人会选择前者吧，因为前者更简单、快捷。腾讯正是基于这样的用户思维，微信小程序孕育而生。以多多买菜为例，不用下载其 APP 或关注公众号，只需在微信搜索框里搜索后点击对应小程序，用手机号一键登录，也无需注册个人信息，即可下单，货到提醒，凭手机号后 4 位提货，操作便捷和简单。

这才叫用户思维。不要让用户再去动脑思考，哪怕这个思考过程很短。

综上所述，2B 做对点服务，且由于采购者不等于消费者，B 端的采购决策更趋多元，其中产品力或服务力、成本优势以及特定客户关系是做 B 端的核心要素。而 2C 直接面对消费者，需洞察消费心理、制定品牌定位，通过系统化营销手段促进销售。所以 2B 和 2C 之间切换困难，根本原因在于基因的不同。

五　预制菜 PK 传统厨师

新辣道、锦府盐帮及信良记的创始人李剑作为力挺预制菜玩家，当信良记已经成为预制化小龙虾的头牌,所以才会放出"未来 10 年,90%的厨师会被预制菜干掉"和"未来 10 年,90%的餐馆必须使用预制菜"的豪言。引来6,000 多条评论,其中有 5000 多条都是"反驳""怒斥"甚至是"开骂"的。抛开李剑对抖音短视频游戏规则的运用,此番言论是李剑的傲慢还是对于中国预制菜的未来胸有成竹?预制菜究竟会不会取代厨师?这是一个值得深聊的话题。

1 餐饮预制化,已是事实

不管你如何反对预制菜,餐饮菜品预制化,已是不争的事实。从 20 世纪80 年代进入中国的肯德基,其实就是中国最早使用的预制菜的代表,那时候的人们不也吃得很欢吗?除了西式快餐,今天绝大多数的中式快餐尤其是规模连锁快餐使用预制菜已是行业不争的事实。千万别被某些中式连锁快餐打着醒目的"现炒"招牌所误导,认为吃进嘴里的美味是从切配到上灶都是厨师耍弄着菜刀和挥舞着锅铲现炒出来的。

通过一锅麻辣征服大家的胃而成为国民第一大美食的火锅,也是预制菜的主战场。从当初的午餐肉到今天的各式麻辣牛肉、虾滑、小酥肉,火锅店不仅荤菜大规模走向预制化,像四川宽粉、鸭血、笋子等素菜也是预制菜的快乐天堂。

餐饮对于预制菜的热衷程度早已超出普通消费者的认知,其中最主要的一个原因就是基于标准化的需求。

"运用供应链的深度和广度决定了一个餐饮连锁品牌发展的速度与稳度",这是笔者在出席餐饮相关论坛时都会分享的一个观点。讲的是餐饮企业对于所使用的复合调味料、预制菜品以及配套的烹饪设备的效率和普及率。2001 年笔者大学毕业的第一份工作单位是德克士,岗位是储备管理干部。入职的第一件事就是下餐厅走完 5 个工作站,并在一个月内成功通过考核。当时笔者对此并没有抱多大的信心，因为那时笔者连番茄炒鸡蛋这道菜都做不好，更别说炸鸡、制作汉堡了。然而到了餐厅后立马改变了认知，德克士根本不需要有任何烹饪经验，他们要的只是操作工。虽因个人职业规划原因，只在那里待了 3 个月，但时隔 20 年，我不仅仍能背出炸鸡所用的九块鸡的重量，比如鸡翅 108 克 ± 5 克；还能清楚记得操作流程，腌制过的冷冻鸡块放入 0 ~ 4℃ 的冷藏区解冻 4 小时后取出，脆浆溶液里过一下，手指握住指定部位裹粉，放进炸锅，温度设定在 330℉，时间设定 12 分 30 秒，到时间即可出品。如果德克士至今没有调整炸鸡的操作标准的话，我现在去不用再培训就能炸出美味的炸鸡。德克士标准化的背后依靠的是什么？是产品的预制化和对应设备的匹配度。试想，如果德克士的炸鸡是从菜市场挑选好鸡，再自己切块腌制，凭对八成油温的感觉下锅，再通过经验辨认鸡块是否炸熟。采用这种传统厨师做法的话，相信德克士今天绝不会有着数千家店的规模。

所以，标准化是连锁餐饮的基础。而当下，连锁又是餐饮的必然发展趋势，中国餐饮已经步入万店连锁时代。据中国连锁经营协会与华兴资本联合发布的 2022 中国连锁餐饮行业报告显示，2021 年中小规模（门店数量在 100 家店以内）连锁品牌增长迅速。其中涨幅最大的是规模在 3 ~ 10 家店的连锁品牌，同比增长了 23.0%；其次是规模在 11 ~ 100 家店和 5,001 ~ 10,000 家店的品牌，门店数年同比增长分别达到了 16.8% 和 16.0%。面对存量博弈的餐饮市场，唯有规模连锁才有活下去的可能。

餐饮预制化不仅是开展连锁的前提，还能在节约人工、提升出餐效率、减少厨房面积等方面给餐饮品牌带来好处，最终实现更高的坪效，提升餐厅竞争力。

❷ 重新理解美食

关于美食，百度百科的定义：美味的食物，贵的有山珍海味，便宜的有街边小吃。每个人对于美食的理解不尽相同，所以迄今为止也没有关于"好味道"的标准定义。目前可以参考的标准有两个，"高端的食材往往只需要最朴素的烹饪方式"，这句话出自纪录片《舌尖上的中国》。另一个便是笔者团队给餐饮客户服务的时候，关于好味道的定义，"大家往往觉得生意好的餐厅比生意差的味道好，哪怕是一模一样的菜"。虽然这不是专业的定义，但符合消费者认知。

"高端的食材往往只需要最朴素的烹饪方式"所定义的美食，往往是源自大自然的回馈。比如长在天然无污染的云南大山里的各种菌类；抑或是 20 世纪 60 年代到 80 年代的人，儿时记忆里，早上出去捉虫、吃野菜自然生长的土鸡用砂锅文火慢炖出来香飘四邻的那一锅鸡汤。然而随着时代的变迁，这样的美食已越发显得弥足珍贵。就像笔者的家乡，火锅之都重庆。越来越多的火锅店老板告诉笔者，还是传统的配方、看似一样的原材料、恪守不变的工艺，却难以熬制出醇香厚重的老火锅味道。看似什么都没变，其实原材料变了。最明显的是，如今的牛油不再脂香十足，因为牛变了，牛是因为养殖端发生了根本性的变化。

所以，美食不是恒久不变。美食不仅随着食材的变化而改变，更随着社会和年龄的交替而变化。给大家举个笔者身边真实的人和事。1997 年笔者在西南大学食品学院上学，那时一个月的生活费 300 元，认识了一个 1995 级化学化工学院的师兄，他一个月的生活费 150。当时肯德基的鸡腿 7 块钱一个，也就是说他一天的生活费还不够买一个肯德基的鸡腿。当初他立下了一个"宏伟的目标"——等将来毕业后挣够了钱一次性买 10 个鸡腿。当然他今天的资产能够购买数以万吨的肯德基鸡腿，因为他即将成为重庆首家上市的复合调味品企业的大股东之一。基于校友关系，也是笔者服务过的客户，所以这个事情也偶尔被拿出来调侃他，"我买 10 个鸡腿给你"，他也只是一笑而过，不是因为他如今身份变了，而是在他眼里肯德基的鸡腿已经不是当初的美食。

所以，李剑在其短视频里提到美食时，他的理解是：口味的培养就是美食，100 年前的满汉全席现在让你吃你都不吃了，对于一个"90 后""00 后"，他们觉得肯德基和麦当劳也是美食。所以美食是培养出来的，是时代的产物，会被产业改变，会被资本改变。对于李剑的这个观点笔者还是比较认同的。

所以什么是美食？笔者的理解是，美食不是一成不变的故步自封，美食是不同年代受消费者喜爱和追崇并愿意为之买单，用以果腹和心理需求进化的产物。

3 重新定义厨师

厨师这一职业出现很早，大约在奴隶社会，就已经有了专职厨师，在旧时代被人们称为"伙夫""厨子""厨役"。现指以烹饪为职业、以烹制菜点为主要工作内容的人。现代社会中，多数厨师就职于公开服务的饭馆、饭店等场所（来源于百度百科）。

随着社会物质文明程度的不断提高，厨师职业也不断发展，专职厨师队伍不断扩大，根据有关资料统计，21 世纪初，世界厨师队伍已发展到数千万人，在我国厨师队伍早已超过 1000 万人。

要了解厨师这个行业，我们就得先了解厨师的发展历史。

其实很多人并不了解厨师发展历史，厨师的历史要远远早于农业的历史。早在 25 万年前，人类就已经发明了灶台，从此人类完成了从生食到熟食的革命。但是在很长一段时间内，人们仅仅止步于将东西烤熟或者煮熟。后来随着先祖们的原始宗教祭祀活动开始，"宴会"兴起，开始有了专业的厨师。相传，中国历史上第一位名厨是商代的著名丞相伊尹，其烹饪的"伊尹汤液"为人传颂千年而不衰。正是基于其高超的烹饪技艺，以烹调技艺阐述治国之道，后来就被提拔成了宰相，辅佐朝政，有着"烹调之圣"的美称。到了春秋战国时代，随着商贸业的兴起与繁荣，专业的饭馆和厨师随之出现，厨师开始社会化。

根据资料记载，古代厨师除了皇宫的御厨、官府的衙厨、军队的军厨，还有肆厨、家厨、寺厨（出现在佛教传入中国之后的汉朝）、船厨、妓厨。厨师真正开始规范发展则是汉朝以后的事了，厨师有了第一个职业的着装规范，那就是巾帻。而那时厨师的巾帻，根据《后汉书·舆服志》的记载，是绿色的。

说完厨师的演变史，再来简单聊一聊厨师烹饪技艺的演变。

在调味料还未在我国兴起之前，那时候的厨师确实是比较考验烹饪技艺的。比如，在味精出现之前高汤可以说是第一调味品，提鲜剂。做法是把猪骨头、母鸡、鲫鱼等，放入锅中慢慢熬制成高汤。无论是炒菜，还是炖菜，放上一点，鲜味立马出现，而且鲜味浓郁，入口自然。后来随着调味品尤其是复合调味品的逐步出现与普及，厨师烹饪的技艺开始发生一系列变化。此时对于味道的把控，更多在于调味品的配比使用以及火候的掌控。时至今日火锅店已经完全可以不依赖于厨师（炒料师），工厂袋装底料和油及复合调味粉按比例加水即可呈现一锅诱人的火锅锅底。

可见随着食品工业化的不断发展与提升，似乎作为调味品魔术师的厨师在专业技艺方面的作用越来越弱化和退化。

所以，厨师这个职业需要重新定义。

结合复合调味品的崛起以及国外餐饮发展来看，中国未来的厨师将会出现比较明显的两极分化及一个进化态势。

两极分化，指的是绝大多数干着调味品魔术师的厨师将会分化成厨工。他们慢慢开始演变为类似肯德基这类西式快餐里，只需要按照标准进行操作和使用设备的普通工种。另一分化则是向史正良、高炳义这样国家级名厨学习，不仅有精湛的厨艺、扎实的烹饪功底且还极具匠心精神。这类大师代表的不仅仅是高超的烹饪技艺，更是中国烹饪文化的传承与创新。

说完两极分化，再说说进化态势。随着专业的烹饪学校以及部分高校开始增设相关专业，比如说湖北的某高职院校就开设了小龙虾专业，这或许是烹饪与食品科学乃至与水产、畜牧养殖跨学科领域的融合，他们毕业出来后或许不会再挥动锅铲，但有可能是传统烹饪走向食品化和预制化的中间与中坚桥梁。

4 预制菜与厨师未来的逻辑关系

预制菜究竟会不会取代厨师？在看了前面关于未来厨师"两极分化及一个进化趋势"后相信大家也有了自己的答案。

厨师未来不会被预制菜所取代，他们会和谐共存，相互促进。不会出现李剑说的"未来90%的厨师会被预制菜干掉"的情形。

首先，这个比例不会那么大。就算调味品魔术师的厨师向着厨工方向分化，这也还是仅限于火锅、快餐这类标准化程度较高的餐饮。像中餐类的餐饮，由于菜品制作工序相对复杂及目前智能化厨房设备还未达到要求，厨师的工作及重要性暂时还是无法被取代的。

其次，并不是所有的餐厅都会完全预制化。就像今天电商虽已全面融入我们生活，但还是有经销商的存在。因为餐饮竞争愈发激烈，还是有很大一部分餐饮会走差异化诉求。比如主打现包现卖的饺子品牌，可以把前面90%的工序标准化和预制化，但是一定会把最后一道工序留给厨师。

再则，预制菜的研发离不开厨师。前文说过关于预制菜的定义，它基于传统烹饪的一道菜肴，所以要最大化地还原口味。目前关于预制菜的味道不如餐厅也是大家主要的槽点，究其根本原因还是因为预制菜企业的研发人员，大部分都是擅长理化指标的工科研究人员，欠缺烹饪的经验。所以，进化出来的另外一部分厨师，将会承担起传统烹饪与预制菜之间的中坚力量。因为他们不仅具备烹饪的基础经验，还懂得现代食品研发。

最后，预制菜的应用离不开厨师。笔者团队服务的客户聚慧食品，其拥有强大的研发团队和应用团队。这两个团队的人员组成，里面有食品工程的研究生乃至博士，还有很大一部分是传统厨师，当然里面不乏中国烹饪大师这样的人。后者不仅担负着将传统风味转换成食品研发的重任，还承担着产品应用工程师的职能。因为还是有很多风味类的味蕾感觉，无法用理化指标做到绝对的还原。就算部分还原了，产品出来后如何在餐厅应用时实现最大还原，只有他们才能弄得更明白。

所以，厨师未来不会被预制菜所替代，预制菜的对手也不是厨师，不存在谁取代谁或者干掉谁。理性看待预制菜，不要抱有排斥的态度，这一定是未来发展的趋势。但如果仍然只是干着简单、重复、低水平的劳动，那未来一定会被市场淘汰。因为随着餐饮工业化水平越来越高，调味品魔法师的厨师有很多工作将逐步被机器取代。只有自我不断提升与进化，方能跟上时代，预见未来。

第五章
预见，爆品先行

信良记凭借"餐厅的味道，一半的价格"成为预制小龙虾顶流，这背后除了对消费降级的敏锐感知，更是品牌战略和爆品战略的成功。美好小酥肉迅速抢占小酥肉预制菜市场，除了技高一筹的研发，也得归功于爆品战略。王家渡用低温开启全新午餐肉时代，是否会成为午餐肉品类新爆品时代？大家都在说爆品为王的时代已经来临，那么如何打造属于自己的爆品呢？

一　年售 10 亿元的美好小酥肉

"养猪希望富，希望来帮助"，当初新希望这句魔性广告语妇孺皆知。当新希望再次出现在公众视野，不是饲料，而是吃饲料长大的猪被加工成的肉制品，一款叫作美好小酥肉的预制菜。

2020 年"美好农家小酥肉"在网红直播间开播 6 秒即实现销售额 400 多万元；2021 年延续火爆势头，拿下天猫"618"速食菜类别第一，荣登回购榜、好评榜第一；2022 年双 11 全渠道 GMV 突破 2037 万，成为各大电商平台同品类中翘楚。表现如此优秀的 C 端，但如果和 B 端相比，也只是冰山一角。

在 2022 年 10 月 31 日晚举行的投资者电话沟通会上，新希望六和副总裁、财务总监陈兴垚表示"大家熟知的美好农家小酥肉，今年预计能销售 12 亿，同比增长 20%。"

先来简单回顾一下，新希望美好小酥肉在近 5 年时间里火箭式的销售业绩增长。

2018 年，布局火锅预制菜赛道，"美好农家小酥肉"诞生，上市第一年销售额便突破亿元。

仅仅过了 2 年时间，2020 年，美好小酥肉销售额以火箭式的速度发展，猛地窜到了 6 亿。

2021 年，销售额突破 10 亿元。

2022 年，销售额有望在上一年基础上增长 20%，实现 12 亿元。

美好小酥肉现与全国 10 万多家餐饮门店达成合作，小酥肉也从一道传统的四川小吃走向全国，成了预制菜行业里的现象级大单品、超级爆品。

回顾一下美好小酥肉爆品打造过程，可以用一句话来概括：鹰一样的眼光，狼一样的精神，熊一样的胆量，豹一样的速度。

1 鹰一样的眼光

没有人会直接给你荣华富贵，在这个什么都不缺时代，唯独缺少像鹰一样的眼光。鹰之所以能迅速发现远处隐藏起来的极小目标，一是飞得高，视野范围广；二是始终处于翱翔状态，能够迅速捕捉猎物的踪迹。

早在 2015 年，美团·大众点评研究院发布《中国火锅大数据报告》，数据显示：火锅以绝对优势压倒了五湖四海各地美食，成为公认的中国第一大美食。自那以后火锅进入高速发展阶段，与之伴随的还有川渝火锅。据《2019 中国火锅市场大数据分析报告》数据显示，到 2018 年底，中国火锅门店的数据暴增至 60 万家。2018 年全国火锅行业实现总收入 8,757 亿元，市场占有率达 20.5%。其中川渝火锅在火锅江湖里有着不容撼动的霸主地位，川渝火锅占火锅市场的 66.4%；在 2018 中国火锅企业 TOP20 中，川渝火锅企业占了 10 个席位。小龙坎火锅就是其中的参与者和见证者。2015 年小龙坎一举成为成都火锅的头牌，那时全国共开了 143 家分店。2018 年是小龙坎发展最快的一年，门店数量突破 800 家，其中营业中的门店就超过 700 家。

四川、重庆两地的人吃火锅有几样必点菜，毛肚、鸭肠、鸭血、酥肉和糍粑。这本属于地方饮食的习惯吃法，凭借一锅麻辣所独有的酣畅淋漓也征服了全国火锅爱好者的胃。毛肚、鸭血不但被广大消费者所接受，还成就了几个颇有知名度的火锅品牌。比如巴奴、大渝、九鼎轩都将毛肚作为主打菜的头牌，谭鸭血凭借鸭血锅底也曾名噪一时。伴随着川渝火锅在全国的红火，毛肚、鸭肠、鸭血、酥肉和糍粑也跟着火了起来。所以生产毛肚、鸭血和糍粑的预制菜企业也早已是各路英雄豪杰齐聚擂台，比武论英雄。

但唯独酥肉，对它感兴趣的企业似乎不多。

这个社会不缺机会，缺的是发现机会的人。这个人就是新希望集团的六合食品团队，因为他们有着鹰一般的眼睛，他们不仅敏锐地注视着火锅行业发展，还洞察到其中的痛点，如何用工业化生产还原手工现炸酥肉的味道。

2 狼一样的精神

虽然对酥肉感兴趣的企业不多，但在美好入局之前还是有同行率先进入这个赛道，里面不缺正大、华英这样的大牌企业，也不缺天天都能吃麻辣火锅地处四川的七叔公食品。但为何先入者却没有成为预制小酥肉的顶流，反而被美好夺得桂冠，美好除了具备鹰一样的眼光，更有狼一样的精神。

洛阳正大在 2016 年就开始研发小酥肉，最先是针对中餐渠道的原味小酥肉，后产品不断丰富。除了原有面向中餐的原味小酥肉，2017 年推出了为全国某连锁火锅大客户定制了藤椒小酥肉，另外还有针对中小火锅店推出的标品麻椒小酥肉。另外，河南华英樱桃谷食品有限公司生产小酥肉已有好几年时间，只是华英生产的是鸭肉小酥肉。七叔公大约是在 2017 年 11 月开始生产小酥肉，现有四川酥肉和脆皮酥肉两种，前者面向餐饮、定制客户，后者则针对流通渠道。

虽然上述企业都比美好入局要早，但奈何先驱者并没有成为最大果实的收获者。我们来看看美好在小酥肉研发上的执着精神。

酥肉作为川渝一道地方特色小吃，不仅对肉的部位选择、腌制配料有着独特的要求，而且炸制环节更是考验厨师的厨艺功底。之所以川渝火锅菜单上的小酥肉叫作现炸小酥肉，因为在当地小酥肉被端上桌后趁热直接食用，而不是放进锅底煮。这就对小酥肉的色香味形要求都很高。如成年男子中指般大小和长短的小酥肉，讲求色泽金黄，外酥里嫩，饱含汤汁。

冒着热气的小酥肉一上桌，男女老幼迫不及待地或用筷子或直接上手，拈上一块送进嘴里。伴随着上下牙的慢慢合拢，裹着蛋香和脂香的酥脆表层迅速开裂，汤汁伴着油汁一并迸发，迅速充盈着整个口腔，直到同样被炸得酥脆的那一粒茂汶花椒被最后嚼碎，至此小酥肉的灵魂才真正被唤醒。

公开资料显示，为了让工业生产还原传统手工艺的味道，美好团队在小酥肉的研发上狠下功夫。仅肉质的选择搭配就尝试了 36 款，才挑选出什么样的原料做出来的酥肉好吃，另外在裹粉、香辛料、蛋液的匹配上也不含糊，仅蛋液就修改了 28 次。不仅如此，而为了满足小酥肉的不同吃法也能保持最佳口感，研发团队共举办超过 300 场的线下消费者测试，最终将产品应用环节精确到秒。比如作为小吃炸 120 秒最好，如果煸炒要 150 秒才能呈现最佳风味。

天猫"618"速食菜类别第一、回购榜、好评榜第一以及全国 10 万家餐饮门店的选择，这便是对美好小酥肉味道认同的最好印证。

3 熊一样的胆量

我们在前面提到 B 端市场都有一个共性，那就是对价格极其敏感。但是美好小酥肉在高出同行其他品牌 5 ~ 20 元/件价格的情况下，还能夺得销售桂冠，源于其团队熊一样的胆量。

美好团队经过充分的市场调研后，发现当时小酥肉市场产品档次低，价格和质量参差不齐，且大部分以鸡胸肉为原料，多为裹浆工艺，略带底味，烹饪方式为煮和涮。而相对中高端、以猪肉为原料的酥肉市场流通较少，所以将美好小酥肉定位为农家小酥肉，精选好食材，恪守好工艺，走中高端市场与竞品形成区隔。

因为在笔者看来，虽然 B 端决策者很在乎价格，但他们更在乎的是顾客的接受度。因为只要 C 端接受度高了，产品自然就会畅销，产品畅销 B 端商家就会赚得更多，这样才能形成良性循环。所以，即使美好小酥肉比竞品售价高 5 ~ 20 元/件，只要畅销，那就不再是问题。

4 豹一样的速度

在武侠小说的世界里有一种战胜对手的方法，唯快不破。在商业竞争中，要想不被竞品超越，同样讲求速度。此时美好已经给预制小酥肉找到了突破口，为这个品类打好了版。一定有不少同行都虎视眈眈，瞅着这块诱人且巨大的蛋糕随时都可能入局。一旦玩家增多，必然导致竞争的加剧。而影响竞争结局的不是技术，也不是资金，是品牌认知和市场推进速度。因为在食品制造行业，没有什么技术是无法逾越的难题，也没有什么技术是拥有绝对的知识产权。资金，那就更不是事了，只要商业模式和团队靠谱，再加上市场表现一片向好，有的是钱主动来找你。

所以，美好小酥肉团队开启了豹一样的速度。一方面是启动 6 个工厂同时生产，分别在北京、聊城、临沂、德州、济南、成都，这样不仅能迅速扩大产能，在降低物流成本的同时还提升了物流效率。另外一方面，实施 KA 和经销商渠道两条腿同时走，加快对 B 端商家的开发和渗透。截止到 2022 年 11 月，美好小酥肉已进驻全国 10 万多家终端餐饮门店。

"长风破浪会有时，直挂云帆济沧海。"美好小酥肉乘着风，踏着浪，高挂云帆，直济更大的沧海。据新希望六合官微显示，借助小酥肉的成功和引流，六和食品（美好小酥肉所属公司）以火锅赛道为起点，瞄准年轻消费主力军，围绕火锅、夜宵、烧烤等餐饮场景，陆续推出了"香菜猪肉丸""嫩滑牛肉片""香卤肥肠""大刀腰片"等新品，继续向着年轻化的高品质火锅食材发力。从官方披露信息看，虽已形成 2 个 5 亿元级产品、1 个 1 亿元级产品、3 个 5,000 万元级产品。但能否再现小酥肉的辉煌，我们静观其变，同时大家可以在第六章里去找寻答案。

二　预制菜顶流信良记小龙虾

信良记创始人李剑在接受红餐网采访时曾说："所有商业模式的本质是效率的竞争，永远都是更有效率的新生产力战胜那些效率低的旧生产力，社会化分工本身就是为了提高效率。"

同样在李剑的商业逻辑里，他对爆品打造也有着自己深刻的认知：要想打造中餐爆品，简单化、差异化和标准化是三个核心问题。对于消费者而言，就是八个字"物美价廉、简单易得"。

不可否认李剑是一位非常成功的企业家。但笔者更愿意把他当作一位餐饮思想家。当然餐饮行业这样的大家不止李剑一人，比如老乡鸡的束从轩就是一位优秀的公关高手，再比如 313 羊庄的聂生斌称得上一位作家，已出版了七本书。由于本书聚焦预制菜，就不再展开了。

信良记小龙虾能够成为预制小龙虾的顶流，能够成为一个超级爆品，与这位餐饮思想家的经历和他对爆品的认知密不可分。

首先，独到的眼光和执着的精神。

1996 年，当时 21 岁的李剑刚大学毕业，在一农贸市场偶遇一位四川大姐的麻辣烫。为了得到大姐的真传，那年的春节李剑一边踏踏实实帮大姐在店里干活，一边用真诚和大姐不断沟通，最终大姐被其打动，将"独家配方"传授给他。从此李剑正式踏上餐饮之路，5 年之后的李剑年销售额已经做到 3 亿，不过不是麻辣烫，而是为 50 多家企业提供团餐服务。

2004 年，李剑再次上演了他发现商机的独到眼光和执着精神，把在成都吃到的一家做鱼味道不错的餐厅带到了北京，于是新辣道品牌正式亮相，并成为鱼火锅头部品牌。2018 年，新辣道以 10 亿估值被百福控股收购，这是李剑辛勤付出后必然的结果，也是对其能力的认可。

或许在大多数人的眼里，已过不惑之年的李剑可以趁着新辣道高光时刻继续乘风破浪。然而李剑却选择了另外一条路，并早已把幸运的风筝之绳牢牢拽在自己手中。2016 年，一个叫信良记的品牌出现了，他要做一家食品科技公司，拳头产品就是小龙虾。小龙虾作为一种外来物种于 20 世纪从日本引进中国，在 2000 年左右开始在湖北、安徽、江苏一带迅速走红，登上了大排档的饭桌。真正在全国爆火则是在 2015 年，2018 年走向巅峰，2019 年跌下神坛。行业虽跌下神坛回归理性，然而信良记却逆风飞扬。2019 年南城香、望京小腰、凑凑、嘉和一品等知名品牌选择与其合作。2020 年，罗永浩第一次直播带货信良记小龙虾，单场卖掉 51 万多斤，拍出了超过 5,000 万的销售额，爆单程度甚至吓哭了信良记的电商负责人。

今日信良记已成为预制小龙虾顶流，再次印证了李剑独到的眼光。当然光有眼光还远远不够，因为大多数成功的企业家都具备这样的能力。那么作为餐饮思想家的李剑，还有哪些独到之处呢？

其次，敢于做难而正确的事。

西式快餐的标准化是基于美国预制菜技术的成熟和完善，而火锅锅底的标准化则依托于成熟的复合调味品技术。中餐未来也会走向标准化，这是一件正确的事，然而中餐如何实现标准化，这则是一件并不容易的事。

所以，李剑选择了一件难而正确的事。

钟鼎创投合伙人汤涛当初主导并参与了信良记 1.2 亿元 A+轮投资，当被问及投信良记的原因时，他这么回答，一是看好信良记的商业模式；二是看好李剑这个人。在他眼里李剑属于成功企业家再创业，他做的新辣道在鱼火锅领域已经是国内第一品牌。照道理来说，他守着新辣道就可以衣食无忧了，但又愿意跳出来做第二件事，我们觉得这种情怀远远多于短期怎么样快速变现，耐心会更足，愿望也会更加强烈，是希望通过解决问题，带领公司继续往更高的高度走。

他在这里面提到了"情怀远远多于短期怎么快速变现"，笔者以为汤涛当时也认为做预制小龙虾方向一定没错，但是并不看好短期变现能力。这里面的原因就是，如何实现小龙虾工业化生产还原现场烹制的味道。这也是他说这句话"通过解决问题，带领公司继续往更高的高度走"的原因。小龙虾要想入味，传统做法是开虾背，这种做法不仅效率低下，还影响成品后的美观性。基于多年的餐饮实战经验以及专业研发团队共同的努力，在无数次尝试后，这个难题最终被攻克。信良记的做法是，先用高温油炸小龙虾，再迅速泡进调好的冷汁里。在热胀冷缩的原理下，小龙虾自己就可以"吸饱汤汁"。"吸饱汤汁"的小龙虾，如何锁鲜是需要解决的第二技术难题。为了保证产品的极致口感，信良记采用国际领先的液氮锁鲜技术，使食物温度瞬间降至－196℃，锁住细胞中水分和香味，把色、香、味处于最好状态的小龙虾"封印"在出锅的那一刻。

再次，极具营销人思维。

李剑不仅是一个合格的产品经理人，更是一个厉害的营销人。笔者为什么会给予他这么高的评价？相信大家看完下面的内容也会忍不住为其点赞。

笔者在文章前面提到过，Sysco 为客户提供的不仅是产品，而是前沿解决方案。这就是为什么无论是餐饮小白还是入行多年的餐饮老手，都愿意选择与Sysco 合作的原因。

所以，李剑并没有把信良记只是单纯做成一个为餐饮企业提供食材的供应商。因为李剑对于 B2B 中的第二个 B 有着更深层次的洞悉，那就是如何帮助餐厅实现销售的增长。为此信良记将 2B 客户分为两类，比如中小型企业，他给出了三种增加销售的方法：第一种，帮助餐厅推出一道主力菜，用以招揽和留住顾客。第二种，推出一个夜市，或者一个外卖档口，在原有基础上拓展经营的宽度。第三，协助餐厅主在外卖平台推出一个爆款。而对于规模企业而言，如果和信良记匹配度高度吻合，则会为其提供全套的咨询服务方案，比如加盟如何能够快速复制以及背后供应链解决方案。此时信良记的产品只是一个载体，承载着所服务企业未来发展的战略规划。为此，信良记为不断在后台进行产品优化、调整，使得其形成与竞品差异化、顾客新意化；对餐厅来说实现操作简单化、标准化且可持续的整体解决方案。

当信良记发力 C 端的时候，李剑的营销才华更是大放异彩。"餐厅的味道，一半的价格"仅用 10 个字的一句口号，完美体现了李剑对爆品认知的八字秘诀"物美价廉、简单易得"。何谓物美，那就是和餐厅一样的味道；如何体现价廉，在满足餐厅的味道和分量的前提下，但只卖餐厅一半的价格。相当于打了五折，便宜不？物美价廉已经解决了，李剑又是如何体现简单易得的呢？微波炉直接加热，够简单吧。当然如果你还想来点 DIY，可以和鸡翅、猪蹄或者面块一起进行二次加工。按照李剑的说法，信良记的小龙虾就如同一个万能的 USB 插口，可以和其他想要的美食实现瞬间的无缝连接。

"餐厅的味道，一半的价格"不仅是李剑对爆品的认知，更体现了其深谙品牌定位之道，以及对"消费降级"的准确把脉。这也是笔者为什么评价李剑是餐饮思想家的重要原因之一，另一个原因就是其 BC 两端通吃的能力。

最后，BC 两端通吃的能力。

可能读者读到这里就不免心生疑问，杨老师不是在前面一章表示不看好 2B 转 2C 吗？诚然笔者是抱着这样的态度。但是笔者也在该章节里做小结的时候也阐述了自己的观点，"是不是 BC 渠道只能二选一，鱼和熊掌不可兼得？是不是 2B 转 2C 就没有成功的可能呢？笔者表达的不是这个意思，是想说每一个赛道都值得深耕，根本原因在于基因的差异。"那么李剑具备了什么样的基因，使得其 2B 和 2C 都取得了巨大成功。

因为在李剑的认知里，他认为 B2B 的重点不是 B，而是 2C，如果不能做到这一点，本质来说其实是失去了立业的根本。因为，卖给 B 端的产品同时必须满足 C 端的胃口。这也是笔者在书中前面提到过 B 端决策者除了在乎价格，更在乎 C 端顾客是否满意。因为只有 C 端顾客给出好评，才能拉升销量；有了销量，B 端才能赚钱；B 端赚到钱，自然更乐意销售你的产品，最终形成一个良性的闭环逻辑。纵观李剑的经历，一开始就是做 C 端生意，具备时刻站在 C 端顾客角度去思考问题的习惯性逻辑思维。后来转做 B 端，每次推出新的产品都会拿到自有渠道去做测试，得到顾客好评后才会推向 C 端市场。在推向 C 端市场后会出现在直播间与顾客直接面对面的交流和沟通，迅速了解顾客第一时间的反馈。

所以，在李剑的眼里，2B 也好 2C 也罢，都是 2C 的逻辑。

当我们对李剑有了上述认知后，再来看其在抖音里的"大放厥词"："未来 10 年，90% 的厨师会被预制菜干掉"和"未来 10 年，90% 的餐馆必须使用预制菜。口味的培养就是美食，100 年前的满汉全席现在让你吃你都不吃了，对于一个'90 后''00 后'他们觉得肯德基和麦当劳也是美食。所以美食是培养出来的，是时代的产物，会被产业改变，会被资本改变。"或许，你会改变当初你的认知。

三　午餐肉变革者王家渡

网上有这样一段关于王家渡低温午餐肉的文字描述：王家渡低温午餐肉能

够打破您对午餐肉的刻板印象，在坚守产品品质与安全的同时，口感鲜、香、软、糯、鲜嫩多汁，被人们称为午餐肉界的"小鲜肉"！

王家渡低温午餐肉在受到部分消费者喜爱的同时，四川王家渡食品还被中国肉类协会授予"低温午餐肉品类引领者"的殊荣，风头正盛的王家渡低温午餐肉能否开启午餐肉新篇章，成为预制菜行业的又一个新爆品？

王家渡低温午餐肉凭借鲜、香、软、糯、鲜嫩多汁，被称为午餐肉界"小鲜肉"。那么这块小鲜肉有多受消费者喜爱呢？一起来看看。

由欧睿信息咨询（上海）有限公司完成的 2021 年低温午餐肉品牌&品类调研中，王家渡低温午餐肉获得"2021 年低温午餐肉全国销售额第一"的称号。在王家渡直播间，低温午餐肉频频爆单，短短 4 小时直播间 GMV（商品成交总额）突破 40 多万，2022 年 3 月销售额实现逆势增长 252%。在 2022 京东 618 狂欢购物节，王家渡斩获京东自营 618 肉制品热卖榜 TOP3、京东自营 618 肉制品好物热卖榜 TOP3。面对 2022 年的双 11，王家渡食品市场部总监杨静非常有信心地表示，目标是破 1000 万元。

王家渡低温午餐肉能否趁当下风华正茂，外加资本的青睐成为预制菜行业的又一个超级大单品，我们先来了解一下低温肉制品行业的整体概况。

据 36 氪研究院发布的《2022 中国低温肉制品行业研究报告》显示，我国低温肉制品市场发展迅猛，占肉制品总产量已经超过 65%。36 氪研究院在其报告中引用头豹研究院数据，我国低温肉市场规模在 2017～2020 年间由 2,907 亿元增长至 4,348 亿元，CAGR（年复合增长率）为 14.35%。预计 2027 年低温肉制品市场规模将达到 7,086.4 亿元。

本书前面在分析国内预制菜市场规模时，曾提到有机构乐观预测到 2025 年中国预制菜市场也就 10,000 亿规模级市场，而低温肉制品市场规模到 2027 年将超 7,000 亿。这里面可能存在数据统计口径的差异，我们暂且不论。但从中可以分析出两大趋势：一是预制菜主要以肉制品为主，二是肉制品预制菜里低温肉制品将占据半壁江山。至于什么是低温肉制品，待会再给大家做个简单的普及。

另有相关报告显示，目前我国高温肉制品市场份额为 65%，而低温肉制品只有 35%，对比发达国家，低温肉制品这个占比还是很低的。比如，美国的低温肉制品占比 93%，英国为 95%，跟我们文化相近的日本，低温肉制品占比竟达到 99%。

据 Euromonitor 数据显示，截至 2021 年，我国低温肉制品市场的 CR4（行业前四名份额集中度指标）仅为 25% 左右，其中双汇占比 15%，雨润占比 6%，尚未形成细分领域的头部玩家。

于是乎，大家觉得眼前一道闪亮的流星划过，振臂高呼"中国低温肉制品的大爆发期即将到来！"

王家渡食品作为一家在川菜预制菜领域深耕多年的企业，其推出的东坡扣肉、一品东坡肉、东坡肘子等产品受到消费者广泛好评，可谓有着相当丰富的预制菜经验。如今布局的低温肉制品市场，不仅有着足够高的"天花板"，而且行业亦未形成寡头垄断局面；又有着资本在后面推波助澜和奥运明星代言加持，可谓伸手即可揽明月。

但我们在前面文章中曾引用叮叮懒人菜联合创始人林郑焕的观点，他认为当下预制菜的火更多是虚火。同时较早涉足低温肉制品的双汇，似乎在这条路上也并不是一帆风顺。

为了带领大家一起来探索低温午餐肉这条路，我们先来简单了解一下肉制品及低温肉制品的定义和简单分类。

肉制品是指用畜禽肉为主要原料，经调味制作的熟肉制成品或半成品，按生产工艺中灭菌温度的高低可分为高温肉制品和低温肉制品。低温制品是指常压下通过蒸、煮、熏、烤等热加工过程，使肉制品的中心温度控制在 68~72℃，并需在 0~4℃低温环境下储存、运输、销售的一类肉制品。低温

工艺将食物锁定在冰鲜状态，保证口感的同时减少了防腐剂、添加剂的使用。低温肉制品根据对原料要求及加工工艺的不同，可以分为冷保鲜预调理肉制品、低温腌制熟肉制品、低温香肠制品三类。

第一类，冷保鲜预调理肉制品。传统肉制品采用工业化加工后分装，在0～4℃低温环境贮藏流通。原料多为健康畜禽，成品有调味牛排、羊肉串、鸡块、涮羊肉片等。

第二类，低温腌制熟肉制品。西式为腌制后巴氏蒸煮的肉制品，中式为工业化酱卤肉制品。原材料多为冷鲜肉，成品有低温午餐肉、酱牛肉、熏鸡等。

第三类，低温香肠制品。西式采取蒸煮肠工艺，中式采用灌肠工艺。原料多为冷冻肉，成品有热狗肠、鸡肉肠、川味辣肠、法兰克福肠等。

目前市面上的低温肉制品主要以第一类、第三类为主，低温午餐肉属于第二类别中的一个品类。

双汇作为较早涉足低温肉制品的企业，时至今日市场表现又怎样呢？

投资者：尊敬的董秘，您好，公司多年前就提出大力发展低温肉制品，请问目前公司低温肉制品主要有哪些？市场占有率如何？利润率如何？公司未来对低温肉制品的布局是怎样的？谢谢。

双汇发展董秘：感谢您对公司的关注！公司低温类肉制品主要包括香肠、培根、火腿、酱卤熟食等品类，公司将围绕"丰富产品品种，培育主导产品，组建专职队伍，加大终端投放"的思路，持续推动肉制品的结构调整。谢谢！

上述两段对话是一位投资者就双汇低温肉制品的连续发问，然而双汇董秘只明确地回答了第一个问题，低温肉制品的产品系。至于为什么没就后面的问题作答，这个不得而知。我们从双汇公开信息中，找到如下关于低温肉制品的表现。

现象：双汇从2020年开始，年报没有再单独披露低温肉制品的数据和相关情况。在双汇公开的2022年中报里，也只能找到包装肉制品。后经查询发现，双汇将低温肉制品划归到包装肉制品范畴。

数据1：从已公布的2011年到2019年数据来看，双汇低温肉制品的销售情况分别为：87.27、92.87、95.24、93.71、83.86、85.33、85.17、86.93、89.93（单位亿元）。这个数据说明，双汇低温肉制品经过9年的发展，并未出现明显增长。2019年较最初2011年，从数据上看也只增长了2.66亿。如果算上物价上涨因素，这个增长值就更小了。

数据2：再看看从2011年到2019年低温肉制品的销售占比：23.20%、23.57%、21.19%、20.67%、18.76%、16.47%、16.88%、17.46%、14.91%。从这个数据可以明显地看出，低温肉制品的占比呈现逐年下降趋势，最明显的就是2019年较2011年直接下降了6.28个百分点。有分析说造成这一现象背后的原因是双汇低温肉制品的毛利远远低于高温肉制品。

因为我们没有去分析双汇的整体经营情况，为了排除内部原因，还原相对真实的客观市场情况，我们再来看看雨润低温肉制品的近两年的销售情况。雨润2021年低温肉制品的销售额为13.07亿港元，较上一年度的18.18亿减少了28.2%。2022年年中报显示低温肉制品销售额为1.45亿，较同期10.91亿元减少了86.7%。

还是那句话，抛开两家企业内部原因，排在低温肉制品前两位的巨头单看市场结果似乎都不尽如人意。之前众多机构发布数据显示，低温肉制品市场动辄几千亿的市场规模，原来夺得桂冠只需10亿出头即可。在2022年4月22日上午，由中国商业联合会、中华全国商业信息中心联合主办的"2022（第三十届）中国市场商品销售统计结果发布会"上，"雨润"以13.07亿港元摘得低温肉制品2021年度同类产品市场销售桂冠。

双汇财报不再出现低温肉制品相关数据，雨润低温肉制品营收近两年呈下滑趋势，是企业内部经营问题？还是说低温肉制品这条路并不好走，留给读者去思考。

之前在分析信良记预制小龙虾成为爆品时，其中有一个很重要的因素就是李剑认为爆品必须满足"物美价廉"。我们试着用这条标准，继续往下剖析王家渡的低温午餐肉。

在京东眉州东坡旗舰店，选取评论量都超过 50 万的两款低温午餐肉产品。其中一款规格为 320 克，价格为 24.5 元；另一款规格为 198 克，定价为 18.5 元，3 件促销后折合下来单价为 14.8 元。

同时我们选取京东上，另外三个品牌官方旗舰店的产品拿来做一个价格对比。

对比 1：荷美尔。同样也是评论超过 50 万条的一款产品，规格为 300 克，定价 42.5 元，3 件促销后折合下来单价为 34 元。对比下来，王家渡 320 克的规格，售价为 24.5 元产品性价比更高。

鉴于我们前面分析的低温肉制品在我国市场表现并不尽如人意，说明整体市场还有待培育荷美尔与王家渡可能是直接竞争对手关系，但是在市场培育期更大的竞争对手往往不是同品类品牌。所以，我们选取了另外两个品类的品牌，再次做一个简单的比较。

对比 2：恒都牛排一款评论超过 100 万条的产品。恒都国产谷饲原切牛排套餐（6 片装，西冷和眼肉各 3 片）共计 900 克，定价 105 元，2 件促销后折合下来单件价为 94.5 元。为了直观，我们将其换算为 300 克的单价，31.5 元。

相信很多读者会问，为什么选择牛排来做比较？一是牛排也属于低温肉制品范畴；二是当王家渡 320 克的低温午餐肉，价格为 24.5 元时，可供选择的产品范围就会变广。如果我们再将可供选择目标放大，比如大品牌的调理牛排或者知名度稍差品牌的原切牛排，同样重量的牛排价格齐平 24.5 元乃至比这个价格还低，可供选择的产品就更多了。

因为新品刚上市一般都会比较火爆，但如何保持后续持久畅销才是真正的考验。

给大家举个真实的例子。在重庆，火锅行业的竞争可谓白热化。在 2015 年左右，有那么一小部分火锅店老板为了摆脱竞争，以 "4H 屠场毛肚"（意思是毛肚从屠场到店里不超过 4 小时）试图以 "鲜" 为卖点，将客单价定为 150 多元。更有甚者，一家重庆火锅，以 "高颜值" 服务员为噱头，客单价高达 300 元。刚开始由于噱头足够诱人，生意还可以，可惜好景不长。

对这样的结局，笔者并不觉得惊讶。因为，任何一个行业价格的 "天花板"，无形之中已被领导地位的品牌设定好了。2015 年，海底捞在一线城市的客单价也不超过 120 元。如果没有根本性的创新，很难撼动这个价格的上限。另一个原因，品类的属性无形之中也给价格划定了区间范围。试想人均花费 300 块，吃的还是老三样的毛肚、鸭肠、黄喉，换成海鲜大餐难道不香吗？

同样的道理，买一块午餐肉都要 25 元，再加 5 块钱买一块牛排，而且还是看得见的原切，吃得出来的谷饲口感。如果是你，你会怎么选？

或许有人会说，怎么能拿午餐肉这种即食产品和需要二次加工的产品相比呢？因为大多数人认为低温午餐肉，属于午餐肉这个类别。这个认知，笔者非常赞同。包括王家渡自己，相信也是这么认为的。因为王家渡在其产品上，有这样一句宣传口号 "过去吃常温午餐肉，现在吃低温午餐肉"。

再来做个对比，和有着国内午餐肉鼻祖和最强王者的梅林来做个比较。

对比 3：选取梅林京东自营旗舰店上一款评论数量超过 100 万的产品。340 克×6 听价格为 99 元，换算成一听的价格是 16.5 元。和王家渡 320 克价格 24.5 元相比，姑且忽略梅林比王家渡多 20g 的克重差异，价格却便宜 8 元。在绝对价格优势面前，更多的消费者又会如何做出自己的选择呢？

做完上述分析，不知大家是否有这么一种感觉，低温午餐肉或许路漫漫其修远兮。笔者认为这都不是最核心的问题。因为即使路再漫长，只要方向对了到达胜利彼岸也是迟早的事。或许导致低温午餐肉 "上下而求索" 的核心问题，正是品类的属性问题。

王家渡低温午餐肉，品牌名王家渡，品类属性午餐肉，低温午餐肉则是细分品类。午餐肉这个品类有问题吗？有个调侃的段子是泡面好搭档两兄弟，火腿肠和午餐肉。另外网传世界卫生组织将加工类肉制品和罐头类食品列为十大垃圾食品之一。当然这是假的，因为官方后来辟谣了。但有句话说，无风不起浪，不管官方是否辟谣，一旦消费者的认知形成，就很难改变。下面给大家分享方便面行业的一个失败案例。

非油炸方便 VS 油炸方便面。中国曾经出了一个方便面大王，此人便是王中旺。从做华龙面经销商到创建属于自己的品牌三太子。三太子确实具备大闹东海龙宫的本事，当时可谓一路高歌。但随着老东家携今麦郎发起强势反攻，三太子有点难以招架。为了寻找新的突破点，当初的方便面大王去日本考察一圈回来，推出了非油炸方便面——五谷道场。中间还出现过一个插曲，王中旺准备以"非油炸，更健康"切入方便面高端市场，遭到康师傅的强烈反对。

方便面大王摆平内乱后，请来了著名影星在央视黄金时段投放广告。随着那句"我不吃油炸食品，非油炸更健康"广告语的普及，五谷道场很快声名大噪。2006 年，五谷道场年销售额 5 亿元，增长达到 2003%，即使在方便市场整体萎靡的大环境下，相传其巅峰时期曾问鼎 20 亿的销售额。

然而仅仅三年后，这家年收入 20 亿的企业，在 2009 年，王中旺以 1 亿元的价格将五谷道场卖给了中粮集团。关于五谷道场失败的原因分析有很多，业界和营销界普遍认同的失败根源就是非油炸。

当下有个调侃的段子似乎在印证这种失败的必然——"我都吃方便面了，你跟我谈营养？"

看完这个案例后，大家是否有了一个关于消费者心智的简单认知。那就是消费者的心智认知一旦建立，你就很难改变。方便面不健康，更谈不上营养。不管是非油炸也好，大骨熬汤也罢，结果都是徒劳。

所以，一旦消费者建立了对午餐肉不健康的认知后，就算改变包装形式不用罐头，或许也很难改变消费者固有的认知。另外还有一个问题就是，消费者对于低温午餐肉中"低温"的理解也是模糊的。有人理解"低温"就是杀菌效果，可能还不如高温，他们却不知道这是一种食品加工的工艺，毕竟消费者是没义务去了解每一种食物生产工艺。

所以，要想和消费者建立良好的沟通，一是需要懂其心智认知，二是在传播的时候一定要使用消费者简单易懂的话语，不要使用专业术语。

写到这里，关于王家渡低温午餐肉能否成为预制菜的又一个爆品就让时间来验证吧。

四　预制菜爆品打造

预制社在之前的《未来谁会成为预制菜的爆款产品？》文章中做了一份调查，统计显示：酸菜鱼、小龙虾、佛跳墙占前三名，肥肠、烤鱼、牛腩煲、水煮牛肉、梅菜扣肉、螺蛳粉、盆菜分列四至十位。

另据京东消费及产业发展研究院联合京东超市发布的《2022 即享食品消费趋势报告》显示，猪肚鸡与酸菜鱼、佛跳墙等产品共同入选"招牌预制菜五大热销产品"。

另外来自盒马、美团和抖音的数据也显示，猪肚鸡也是其平台上热销预制菜之一。

小龙虾不容置疑，因为已有信良记。至于其他产品能否成为爆品本章节不作讨论，还是交给时间来印证。在此部分内容中笔者想带领读者一起去探索预制菜爆品打造的方法论，然后通过一个真实案例来复盘，并提出个人关于2023 预制菜爆品的 TOP10。

在正文开始之前，笔者先声明几个观点。

观点 1：为什么不对当下预制菜爆品预测结果做分析和评论？不存在对这

些预测结果的认同与否，因为这些结论推导出来前肯定有相关数据作为支撑，感兴趣的读者可以自行去查找。

观点 2：笔者更愿意和读者一起去探索上述爆品名单外的可能，因为从商业机会角度来讲，希望能够让认同的人有"先人一步"的机会。

观点 3：作为一家聚焦食品和餐饮行业的品牌战略咨询机构的创始人，我们对行业相关报告和数据有着足够的重视度，但更愿意本着"尽信书不如无书"的原则去解读和分析报告背后的底层逻辑。所以希望各位读者在以后的实际工作中，也逐步建立这样的思维方式。

观点 4：这一条非常重要，大家务必理智看待。对于笔者给出的未来预制菜爆品 TOP10，属于个人直觉的预判，不可完全当真，更不可当作项目去立项。特此强调！另处所说的"爆品"包含两个范畴：超级大单品和爆品项目，前者是有可能成为爆品的单品，后者是一个可能成为爆火的项目。

谈预制菜未来爆品的机会，很有必要再来回顾一下关于预制菜的定义。在文章最前面，给出了一个笔者比较认同的关于预制菜的定义，"预制菜是后厨工业革命的衍生品"。

在这个定义中有两个很关键的词，后厨和衍生品。"后厨"是在阐明预制菜的雏形是源于餐厅后厨，可以理解为餐饮后厨烹制的一道菜品。关于"衍生品"也有很重要的一句话，"成交时不需立即交割，而可在未来时点交割。"即预制菜生产出来后，不是像传统后厨烹饪的菜品，立马送到餐桌进入顾客嘴里，而是通过渠道的流通，当顾客随时需要的时候，预制菜具备了立马成菜的交付条件。

为什么再次强调这句话？是想向读者朋友们说明，要想成为预制菜，它的原型是后厨烹制的一道菜品。那么成为预制菜爆品的条件之一，这道菜对于大部分人来说"好吃、难做"。

先来聊聊"难做"这个话题。虽然说预制菜是满足现代化生活快节奏的效率革命，但如果这里面不存在太复杂的烹饪难度，想要成为预制菜爆品就不太可能。举个例子：煲排骨汤。在我国除了某些民族外，基本上无论南北的老少，还是东西的饮食男女，对此接受程度都非常高。排骨汤为什么不可能成为预制菜爆品呢？一是做法太简单，二是煲汤大家还是习惯用新鲜食材，这样汤更鲜（不是鲜味，是比预制更新鲜）。

再说"好吃"，一般好吃的东西有两种标准。一是高端的食材，因为高端的食材往往只需要简单的烹饪方式，就能呈现最鲜美的味道；第二种情况就是，难做。比如工艺复杂、程序烦琐、耗时，且还考验厨艺水平。

所以大家根据"好吃、难做"这个标准去检验一下，现在市面上那些预制菜谁有成为爆品？

想要成为爆品的第二个条件，预制菜+。何谓预制菜+？为什么信良记能成为预制小龙虾的顶流？是因为李剑给它留了一个万能的接口。消费者可用信良记小龙虾加上自己喜欢的东西做二次 DIY 烹饪。这类预制菜一般有两种应用场景，满足不同使用者的消费需求。于 B 端，可以将二次烹饪环节展现给顾客，给顾客一种"眼见为实"的现炒现卖的错觉。于 C 端，一是可以根据自己的喜好添加喜爱的辅料；二是还可以炫耀一下本来并不好的厨艺。

预制菜在提升效率的时候，一定不要做成只为果腹的"没有灵魂的臭皮囊"。否则，一桶方便面就行，何须预制菜。实际上很多人在吃泡面的时候都还有一个简单 DIY，不然为什么方便面会有两个黄金搭档——火腿肠和午餐肉。另外，以肉制品为主的预制菜如果非要把素菜融入进去，并不是最佳组合。一是，从工艺和技术角度来讲，口味会受到影响；二是，使得整体重量增加，导致物流成本提升；三是，售价提升，如果让消费者自己去买配菜加进去，他是不会把这个成本算进去的；四是，一般这种配菜获取方便，二次烹饪也很简单。

成为爆品的第三个可能，极致性价比。关于极致性价比没有标准的定义，因为这个说法本来就是只能定性而不能定量的。笔者对极致性价比的理解，指顾客获得的价值远远高于对应的价格。顾客如何感知性价比，当然是拿价格做比较了，和同行业比和自己的消费预期比。为了便于更加形象地理解极致性价比，看两个例子。

案例 1：和同行比。假设你推出一款手机和苹果手机性能一模一样，但是定价是苹果手机的八折或者更低，而且市面上还找不到具备同样性能但价格比你更低的手机。可能大家觉得，拿苹果手机来做假设很难实现。2011 年 10 月，小米手机一代发布，立马震惊了整个手机市场。因为当时的小米 1 代对标的是三星的 S2，两款手机硬件配置旗鼓相当。当时三星的 S2 售价为 5000 元，而小米 1 代则是 1999，连三星一半的价格都不到，算下来只有四折。

案例 2：和消费者预期比。王家渡食品创始人，也是东坡酒楼创始人王刚当初在经营东坡酒楼的时候，有一个超出消费者预期的经营理念。客人刚到门口，一看，这么漂亮的门脸，真大气！进来吃饭的时候，发现这么好吃的饭菜！去结账的时候，发现真便宜！前两个情形给了顾客高价值体验感，即高档的环境、美味的饭菜，在这里请客倍有面子。后面一个情形是消费者内心受到触动的表现，消费者认为这顿饭花费 3000 元也觉得很值，结果结账的时候才 2000 出头（非真实价格，只是为了举例说明）。不知什么原因，王刚在推出王家渡低温午餐肉时好像并没有将这种理念淋漓尽致地体现出来。

通过上述两个案例，大家应该明白何谓极致性价比。极致性价比不是价格战，是和竞品相同配置或产品质量的前提下，远低于对手的价格。和消费者预期比，一定要让消费者感觉占了天大的便宜。

成为爆品的第四个可能，随叫随到。外卖为什么一经出现迅速火起来，而且持久不衰，且品类不断扩大。很重要的一个原因就是，随叫随到。试想，如果今天的午餐，让你提前三天，哪怕提前一天下单，估计早就没外卖什么事了。同样的道理，预制菜如果能够实现当天下单，在下班回家路上或者小区门口就能够拿到东西，这样的预制菜或者预制菜项目想不火都难。因为绝大多数人都没有习惯把一周甚至最近三天吃什么提前做一个规划，往往都是头天晚上或者当天考虑吃什么的问题。

关于如何打造预制菜爆品，远不止上面四种方法。比如品类天花板要足够高，需找到消费者真正的痛点，还要实质性的技术突破等。在下一章关于爆品战略里，笔者会用我们服务过的一个真实案例，用实战干货方式为大家娓娓道来。

之所以写这些，是本着"授人以鱼，不如授人以渔"的理念。上面讲了打造预制菜爆品的方法论，在我看来还不能称为"渔"，只能算鱼线。下面笔者带来一个我们服务的真实的客户案例，看如何将鱼线编织成网，成为真正能够网得住大鱼的一张大网。

案例名称：×××品牌战略定位。

服务内容：品牌定位、爆品打造、渠道策略、传播策略……

案例背景：该客户这次是与我们的二度合作。第一次合作是餐饮连锁项目，在服务的第一年成功开出 88 家连锁门店，成活率更是高达 96.6%。为其制定的聚焦区域下沉市场，被业界称为皖北及周边区域"串串香乡镇王"。由于最近几年受疫情频发及消费降级的影响，客户一直在寻找可行性新项目，于是笔者参与策划了这次预制菜项目。

由于该品牌战略案例涉及内容广而深，以下内容主要聚焦该项目爆品展开。所以，会省略掉其中一些关键内容，但需要给大家强调一点的是爆品打造、渠道策略、传播策略等都是以品牌定位为原点内容展开的。在接下来的第六章，笔者会用我们服务过的一个真实客户案例给大家做系统解读。

产品情况：产品名称，椒麻鸡；加工工艺，川味老卤+辣卤卤制工艺；成品克重 900 克 ± 50 克；销售形式，整只出售，不分零；售价，39.9 元。

上市区域：第一步只在客户所在城市，跑通商业模式后再开始扩张。客户在安徽省下面一个地级市，全市常住人口 500 万左右，城区人口 200 万左右。

销售情况：上市三个月，日销 800 只左右；6 个月后增长到每天 2,000 只左右。

销售模式：4 家直营门店+全市 50 多个提货点。

接下来我们就结合前面所写关于打造预制爆品的方法论，结合本案例为各位读者进行一一解读。

方法论：好吃+难做。

川菜作为中国八大菜系之一受到全国消费者喜爱，川卤又有紫燕百味鸡、廖记棒棒鸡等品牌收获一众消费者。所以，这个品类在消费者心智认知里"好吃"已占有一席之地。椒麻鸡采取传统老卤作为一次卤制工艺，做足底味后再采用辣卤二次卤制，凸显麻辣头味。恪守传统的同时变革创新，这款产品无论佐餐还是下酒，消费者的评价都很高。

对于大多数家庭来说，在家做卤味，做一顿好吃的卤味还是比较难的。一是，市面上卖的卤料包做出来的味道不尽如人意。就算懂的人去干货店让老板配制卤料，但由于卤味还是要老卤才香，家里制作卤味的频次就很难达到老卤水的标准，况且起好的卤水也不便保存。

正因为卤味"好吃、难做"，才诞生了绝味、黄记煌、周黑鸭卤制品三大上市品牌以及即将上市的紫燕百味鸡。

方法论：极致性价比。

"好吃的椒麻鸡，选用 4 斤左右活鸡现杀，地道川味老卤+辣卤双重工艺，只要 39.9 元，还送 1 份大拌菜，一家三口人均才 13 元。现在下单，你身边 50 余个提货点，其中有一个就在你家门口。在这个炎热的夏天不用在厨房挥汗如雨，美食唾手可得。"你没看错，这就是客户在抖音直播间的话术。

39.9 元，再送 9.9 元的大拌菜一份。这个价格和紫燕比，简直便宜得不要不要的。和自己做比较，估计 39.9 元就只够去超市买一只同等重量的冰鲜鸡。实际上，生鲜肉禽产品卤制后出品率，根据食材不同，一般成品率在 50%~70%。也就是说卤好后净重 2 斤左右的鸡，卤制前大约在 3.5 斤左右，估计至少得花费 60 元。

自己卤一只椒麻鸡，仅食材成本就已超过 60 元，还是买他家的吧，39.9 元还送一份 9.9 元的大拌菜，真心便宜还省事。这是我们在项目复盘的时候，听到顾客说的最多的一句话。

方法论：随叫随到。

"直播间下单，你身边 50 余个提货点，其中有一个就在你家门口"。也就是说消费者在今天下午下单，在下班回去的路上或者小区大门旁的小超市就能拿到东西，晚饭如此轻松就解决了。这方便程度可想而知，就不用过多阐述了。

从这个真实案例可以看到，这个项目在设计的时候，满足了爆品打造方法论四个中的三个。前面我们说过关于爆品打造并不是说只有上述四个方法论，也不是说必须满足所有条件。就像捕鱼一样，只要你的鱼竿够长，鱼线够长，也是能钓到上百斤大鱼的。但如果想要捕到更多更大的鱼，还是用渔网又快又稳。也就是说在打造爆品的时候满足的标准越多，那么爆品成功的可能性更大。

最后，说说笔者认为未来能成为预制菜爆品的 TOP10。

C 端：广式牛杂煲、川式牛杂煲、辣子鸡、跷脚牛肉、水煮鱼。

B 端：牛杂、热卤、红柳枝羊肉串、蛋黄焗、千丝黄喉。

另外，毛肚、虾滑、包菜牛肉片和麻辣牛肉，虽然早已以预制菜形式出现在 B 端餐饮，笔者觉得仍有很大的机会成为爆品。一是这个品类目前还没有跑出头部品牌，另外就是在技术上还有较大的提升空间。而 C 端有料火锅方便面和生坯包子也有崛起的可能。

第六章
预见未来，战略制胜

2020 年美国预制菜市场规模近 500 亿美元，主要就雀巢、卡夫亨氏、康尼格拉、泰森和 Sysco5 等家企业，但 Sysco 一家就占据了 16%的市场份额。2020 年日本预制菜市场规模近 250 亿美元，以 4 家寡头企业为主，其中日冷集团市场占比就超过 20%。

如果说国外预制菜市场和目前国内发展阶段存在差异，那么拿已经成熟的中国方便面市场来做一个比较。2020 年中国方便面市场规模近 1,000 亿元，现存企业数是 129 家。当下国内预制菜规模为 3,100 亿，如果换算成方便面行业对应规模，企业数量应该是 399.9 家。

但目前国内预制菜企业接近 7 万家，未来注定只有极少数企业能够等到成功之花悄然开放，希望之羽顺利张开，成为先驱。而绝大多数预制菜企业纵使催马扬鞭，也未必能抵达胜利彼岸，终将沦为先烈。

想要穿过前路漫漫、拨开迷雾重重、熬过酷暑严冬，最终登顶成功之巅，最好、或许也是唯一的办法——战略先行！

一　战略先行，抢占认知

1 何谓战略

哈佛商学院终身教授、竞争战略之父迈克尔·波特说，战略就是创造一种独特、有利的定位，可以涉及各种运营活动；现代管理学之父彼得·德鲁克则将战略称为"有目的的行动"；定位之父特劳特在《什么是战略》一书中总结说，战略是企业在大竞争时代的生存之道，是企业如何进入顾客心智而被选择；著名战略咨询专家，智纲智库创始人王志纲在《论战略》一书中提出了有别于西方学术界的观点，他认为战略就是我们在面临关键阶段的重大抉择时，如何做正确的事以及正确地做事。

他们于笔者来说都是大师中的大师，在认真拜读完大师们的著作后，发现他们的观点自成体系又相互关联。如今战略已从军事领域扩展到政治、经济领域，但战略的本质始终未曾改变。在当下和平年代，全球经济一体化，商业领域的战略主要研究在产品过剩时代，品牌的生存与竞争之道。

2 战略的意义

定位之父特劳特在《何谓战略》一书中提到，战略是大竞争时代的商业生存之道，也就是他所指的在"选择暴力"中如何生存。

"选择暴力"指的是当下商业社会产品过剩，选择的权利交由消费者。据哈佛心理学博士米勒研究发现，在同一品类里消费者往往最多只能记住 7 个品牌。而当消费者在做出购买决策时往往首先想到"第一"。

所以，定位之父特劳特说"成为第一，胜过更好"，因为商战是如此残酷。如果第一占据 40% 的市场份额，第二可能只有 20%，第三就只有 10%，至于位列第四到第七的品牌在消费者心里就成了可有可无的存在。

我们先来看一组暴力选择结果的数据。

美国预制菜市场经过数十年的发展，已经成长为一个成熟行业。目前主要有雀巢、卡夫亨氏、康尼格拉、泰森和 Sysco 五家企业，Sysco 作为市场占有率第一的品牌，2021 年实现 512.98 亿美元的营收，比排在第三的康尼格拉的 110 亿美元，整整多出近 403 亿美元，也就是说前者是后者的 4 倍多。

同样成熟的日本预制菜市场，主要企业也只有 5 家。分别是：日冷集团、神户物产、味之素、大洋渔业和福礼纳斯。作为日本市场占有率第一的品牌，2021 财年日冷集团主营业务销售额达 6,027 亿日元，排在第二位的是神户物产销售额为 3,536 亿日元，前者是后者的 1.65 倍。

这就是暴力选择的结果，美日预制菜行业已形成寡头垄断局面，进入公众视野的仅只有 5 个品牌，而且市场占有率第一的品牌销售规模远超排在第二和第三的品牌。

这种暴力选择的结果并不只是出现在预制菜行业。

2021 年国内方便面市场，康师傅、今麦郎、统一名列前三，市场占有率分别为：35.8%、12.5%和 11.4%，白象排在第四为 5.9%。排第一的康师傅市场占有率是第二和第三的 3 倍左右，差不多是第四名的 6 倍。

我们再来看一个万亿级的市场。

据相关数据显示，2020 年中国休闲食品行业规模已达 1.29 万亿元，然而相关注册企业才 19,168 万家。过万亿的市场，还不到 2 万家企业。对比当下国内预制菜市场规模为 3,100 亿元，却有近 7 万家企业。

无论是定位之父特劳特的"战略是企业在大竞争时代的生存之道，是企业如何进入顾客心智而被选择"，还是王志纲大师的"面临关键阶段的重大抉择时，如何做正确的事以及正确地做事"，都将是指引跟风和混沌中预制菜企业在这场厮杀中，消灭竞争对手，最后活下去的最好方法。

这就是需要战略的原因。

当下商业领域运用比较多的战略方法论是特劳特的"什么是战略"，以顾客心智认知出发，进而制定正确的战略，与竞争对手展开厮杀，并取得最终胜利。而王志纲老师的"论战略"是智慧之学、哲学之思，体现了战略与人性、战略与哲学之间的关系，个人认为更侧重于城市战略规划以及大型地产项目战略的制定。

当然像笔者这等无名小辈对两位大师顶礼膜拜之余，对其巨作和贡献，欣然采取"拿来主义"，不论"独孤九剑"也好，还是"吸星大法"也罢。只要心怀虔诚，外加少许慧根，日夜揣摩和选择性吸收也能融会贯通，再在实践中再不断总结，或许终将寻得"易筋经"。在此斗胆将两位大师的思想妄自做了一个中西合璧的融会贯通，悟出了些许浅薄的认知。

不懂哲学，战略等于零。

不懂战略，品牌等于零。

不懂品牌，爆品等于零。

本章就用笔者服务过的一个 B 端预制菜客户的真实案例，为大家讲解如何进行战略的制定、广告语的提炼和超级符号的设计。

3 战略的制定

客户原为某大型 2B 调味品企业的销售总监，入职该企业之前在 2B 销售行业摸爬滚打多年，有着丰富的 2B 行业销售经验。入职这家调味品企业后也是数次立下战功，最终坐上销售总监宝座。

俗话说"不想当将军的士兵，不是好兵"。当下预制菜发展如火如荼，再加上背后有某资本方抛来橄榄枝，该客户毅然决定跨入预制菜行业。

客户在立项之初，便找到了我们。

在对客户进行前期深入访谈后，发现客户具备以下优势，并达成方向性共识。

（1）拥有良好的餐饮人脉资源。

（2）擅长销售团队的组建和管理。

（3）对肉禽类产品上游资源做过充分的调研。

（4）多次接触过品牌打造方面的课程。

鉴于客户自身优势，结合预制菜 BC 两端市场现状，我们提出聚焦 B 端火锅预制菜赛道并得到客户的认同。

客户在和我们完善相关商务条款后，内部成立了两个专项小组。第一小组之前负责过 C 端预制菜"椒麻鸡"项目，第二小组则刚完成某连锁餐饮的一个新项目。

一周时间后，两组直觉会战 PK 开始。

最后从两个小组六个方向，筛选出两个：口感&价格、大师菜&好卖。

两个小组为了准备直觉会战，这一周时间里工作量可谓巨大。一方面查阅公司资料库精选的关于预制菜的各种报告；另一方面反复研究行业成功案例，努力还原他们成功的原点（战略的制定）；另外抽出时间走访餐饮店和餐饮老板、采购负责人、厨师以及服务员，通过深入交流，找寻他们对预制菜的看法和使用过程中一点一滴的感受。

为了印证以上方向，随后我们对国内外预制菜企业及重点品牌做了深入分析。从国外 Sysco、神户物产，到国内预制菜知名品牌味知香、盖世食品、新六合旗下的美好小酥肉、安井食品、国联水产、思念食品旗下的千味央厨，以及专注细分品类的郑州的禾胜合、成都的三旋食品。

通过系统分析，印证和发现了以下几个关键信息。

①预制菜产业 B 端市场规模不仅远高于 C 端，且还不用进行市场培育。

② B 端餐饮市场由于火锅标准化程度仅次于快餐，高于其他餐饮业态，聚焦火锅预制菜赛道的预判成立。

③根据案例分析及火锅行业发展，调理肉制品是首选。

④ Sysco 以优良品质为基础，但真正打动客户的是"一站式解决方案"。

⑤盖世食品聚焦预制凉菜，其核心诉求是"帮餐饮省去凉菜间"。

⑥ 10 万多家餐饮店选择美好小酥肉的原因，是因为好卖。

⑦唯有味知香诉求"家的味道"，经过对其消费者评论数据爬虫，消费者似乎"无感"。

⑧禾胜合聚焦毛肚，短短几年时间营收突破 5 亿元。

口感&价格、大师菜&好卖，这两个方向哪一个更接近战略的真相？

我们先来看第一个方向，口感&价格。

这些确实是 B 端餐饮决策者的真实想法和需求，也在预制菜报告里反复出现，也是预制菜行业占比最高的痛点。

但这个点却不能成为战略的方向，因为把产品做好是基础。

特劳特先生讲过"当今所有企业都讲求质量，质量仅仅是品牌参与竞争的基本筹码。"诚然现在预制菜在技术上还有很多不够成熟的地方，这个是行业的痛点，也是 B 端餐饮预制菜采购决策者的关注点。但是这个点不足以支撑战略的方向，在本书前面笔者也提到过在食品加工行业没有什么技术会建立竞争的壁垒。哪怕可口可乐面对监管也不公布的配方，有机构做过测试，去掉可口可乐品牌信息做盲测，能够第一口尝出来且坚信这就是可口可乐的人占比非常少。

另外再给大家说说火锅，尤其是麻辣火锅的两大特性：一是口味的征服性。川渝火锅之所以近几年全国遍地开花，很大一个原因就是麻辣成瘾征服了大家的味蕾。二是对食材本味的掩盖性。正因为火锅重麻辣的特性，所以会掩盖大多数食材的本味。

再来说说价格。

如果经常和餐饮采购者打交道的销售应该经常遇到这两种情况，一种是看中某品牌产品的品质和口感但觉得价格偏高，于是让你照着这个品质把价格降到他能接受的范围。另一种情况就是告诉你，他很注重品质，让你先不要在乎价格。当你花了很大精力，按他的要求把品质和口感做出来后，然后他开始狠狠和你杀价。

所以，有句话是这么说的。价格没有最低，只有更低。因为当价格离开品质作为参照物是没有任何意义的。这就是老话说的，一分钱，一分货。

所以，口感&价格自然不能成为战略的方向。

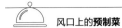
但是"大师菜&好卖"这个方向并未出现在预制菜相关报告里，在他们走访过程中也没有被餐饮老板提及。

为此，笔者带领团队做了一个真相的深度还原。

首先，为什么餐厅普遍都会有招牌菜？大众点评商户首页为什么会有网友推荐菜排名？为什么很多餐厅老板都会让 KOL（意见领袖，这里指网红博主）就招牌菜进行种草？原因无非就两个，一是希望能够通过"一招鲜，吃遍天"成为招揽顾客的头牌；二是希望这道菜大卖，卖得多自然就赚得多。

其次，餐厅老板担心预制菜的口感，背后真实原因其实是怕这道菜在店里不受顾客待见。厂家推出某款预制菜，肯定是为替代餐厅对应的菜品。想必这款菜品必定是餐厅现有畅销菜品，不然就失去了厂家推出产品的目的。大家有没有发现老板对口感的担忧其实只是表象，根本目的是怕口感问题失去现有畅销菜品带来的利润。如果这个根本性原则失去了，无论怎么跟他说这款预制菜有多好都将无济于事。

再则，餐厅老板都会特别关注同行有什么新品推出，尤其是现阶段流行的畅销菜。一方面是要随时追随菜品热点，另一方面就是希望这种有流量的菜品能为其带来可观的销售和利润。

在 2019 年的重庆，有一个叫周师兄的火锅凭借大刀腰片迅速出圈，腰片成了周师兄店里的爆品。随后重庆各大火锅店乃至全国的火锅都刮起了一股"腰风"，不管自家的腰片是否能够达到周师兄的口感，都会成为当时店里的主推菜品。

其实，就是这个道理。

所以，餐厅老板面对预制菜的选择会考虑口感、价格、品质稳定等诸多问题，但这都是表象，真正的核心是能否畅销，能否通过畅销赚更多的钱！

那么，什么样的产品才畅销呢？

其实在周师兄推出大刀腰片之前，重庆火锅早就有了腰片这道菜。只不过是一道并不亮眼，也不畅销的普通菜品而已。

　　周师兄的大刀腰片为什么能畅销？能成为周师兄的爆品？

　　因为作为周师兄大刀腰片创始人的周到心里很清楚，腰片去腥是关键中的关键。为了攻克腰片在技术上的难题，他辗转找到桂祥林。1993 年，桂祥林就曾在全国烹饪大赛上获得三枚金牌，他使用去腥秘方制作的椒麻腰片，就获得了其中的个人冷菜金奖。有了金奖获得者桂祥林大师的加入，大刀腰片去腥难题被攻克，最终成为周师兄火锅菜品的头牌。

　　另一位中国烹饪大师、国家名厨的董振祥，开创的大董烤鸭店常年门庭若市。

　　大董烤鸭的鸭皮深受消费者喜爱，其鸭皮最大的创新是"酥而不腻"。再配上甜度比较低的方粒白糖，用酥酥的鸭皮蘸了放在舌间，不用咀嚼也能化掉，口感层次丰富，也没有传统烤鸭鸭皮较为油腻的感觉。同时还创新烤鸭"八个调料、八种吃法"，鸭皮蘸糖，入口即化；鸭肉蘸蒜泥，也是一绝；盐水鸭肝，又嫩又入味…….

　　在日本，有一家并不起眼的寿司店名叫数寄屋桥次郎，小小的店面坐落于银座办公大楼地下室。从外观来看，这间店面并不起眼，与外界用一道木栅栏隔开，店铺里没有菜单，也没有独立卫生间。在这家寿司店里，食客们只能吃到厨师们准备的寿司，人均消费价格也跟着当日食材价而波动。

　　但就是这家不甚起眼的小店，却两度被米其林评为三星，就连日本首相和美国总统也曾专门到该寿司店就餐。因为其主厨名叫小野二郎，被誉为"日本寿司之神"，也是全世界年纪最大的米其林三星主厨。

　　从上述案例分析，我们不难看出，"大师的菜"似乎更受消费者青睐，也更好卖。

　　因为在餐厅老板和顾客心智认知中，"大师"一直占据着有利位置，大师们做的菜，自然更受大家喜爱。

于是，"大师菜"这个战略，悄然浮出水面。

说实话，在直觉会战之前，笔者比较看好第一小组，毕竟服务过"椒麻鸡"预制菜项目。当两个预判方向摆在面前时，直觉又告诉我们第二组提出的"大师菜&好卖"才是正确的战略方向。

这里的直觉并不是感觉，更多的是王志纲老师战略里所说的哲学逻辑，也是笔者总结的"不懂哲学，战略等于零"。

被称为经营之圣的稻盛和夫在《活法》里提到"工作现场有神灵"，对此解释为，"如果你要抵达真理，现场是唯一可行的途径。"继而强调，"如果你要获得灵感，到现场去；如果你要制定战略，到现场去；如果你要设计产品，到现场去；如果你要策划，到现场去……"在笔者 20 余年的职业生涯中，前面超过一半的时间是餐饮从业者和决策者；剩下的时间则是服务于餐饮与食品行业，可谓一直战斗在一线。

所以，正确的战略制定不是在办公室里，也不是在行业报告里，而是在工作的第一现场。

被誉为是 20 世纪最伟大的心灵导师和成功学大师的戴尔·卡耐基，在《人性的弱点》一书中告诉我们：人活着，多研究人性，少试探人心！因为人心各不相同，人性却相通。100 个餐厅老板可能会有 100 个不同的想法，这就是人心。但是赚钱一定是他们相同的目标，这就是人性。

所以，战略的制定不在于你做了多少次目标客户调研，有多了解他们内心的想法，而是要洞察人性的能力。

相信很多企业家办公室书架上都放着《毛泽东选集》，笔者在认真拜读《矛盾论》后的理解是，抓本质、认识规律是制定正确战略战术的底层逻辑。所以我经常给团队成员讲，看问题看本质和底层逻辑。凡事善于从规律上看、本质上看，并善于用规律和本质来指导实践。用这种思维我们就会发现餐厅老板背后的真实想法。这其实就是一种哲学思维。"哲学思维"具有三大特点：

一是通用性、二是原则性、三是不过时。

所以，真正的战略制定不仅仅是学会了多少大师的方法，而是能否用哲学思维洞察问题的本质和底层逻辑。

战略的方向既然明确了，接下来就是解决客户聚焦和品类聚焦问题了。

据相关数据显示，截至 2021 年底全国有超过 50 万家餐饮门店。根据餐饮老板内参发布的"中国餐饮大数据 2021"报告将火锅品牌划分为三类：店铺数量 100 家以上规模的划入头部品牌，占比为 16.2%；店铺数量 50~100 家规模的划入腰部品牌，占比为 14.7%。这两类规模的火锅品牌整体占比超过 30%，也就是全国有 15 万家火锅店属于中大型连锁品牌。

报告显示，头部品牌占比 16.2%，但真正称得上真头部的却屈指可数。笔者认为要成为头部品牌至少符合三个指标：首先，品牌具备全国知名度；其次，是否具备强大的新品研发能力；再则，是否拥有自建供应链体系。

如果达不到这三个标准的火锅品牌，我们在案子里皆划归为腰部品牌，也是该案例聚焦的目标客户。

为什么聚焦火锅腰部品牌？

理由 1：大部分腰部品牌有着良好的发展势头，聚焦该类客户未来销售增长空间巨大，此乃机会一。

理由 2：这部分品牌大都会图谋更大的发展空间，所以将非常重视后端问题，其中就包括与三方供应链的深度合作，即"兵马未动，粮草先行"。在我们实际调研过程中发现，这类品牌一般很少会自建供应链，这就构成机会点二。

理由 3：这类品牌目前一般都没有建立强大的研发团队，所以在产品研发上更多借助第三方，又多一个机会点。

理由 4：这类品牌除了期望能找到与之高速发展相匹配的三方供应链产品，更希望是一套完整的产品解决方案。包括但不限于：火锅新模式的预判、火锅新品类预判、爆品预判、产品营销方案等，当下很多供应链企业无法提供这样的需求，也包括精涮狮。但我们具备这样的能力。所以我们会为这类餐饮品牌提供这方面的服务，但却并不需要他们付费。因为精涮狮在和我们合作的过程中，已经付过相关费用。无形之中让精涮狮在他的客户面前赢得好感的同时，还多了一项竞争优势。

美好聚焦火锅赛道，一个单品小酥肉，一年卖出 10 亿。河南禾胜合聚焦火锅赛道，凭毛肚一个单品，三年时间跑出 5 亿左右的市场规模。成都三旋食品，聚焦火锅赛道，主打包菜牛肉片，三年时间实现近 3 亿的销售。

在火锅赛道，比小吃这个品类更大的是涮菜。毕竟火锅以涮菜为主，小吃为辅。

另外在火锅预制菜领域调理肉制品的需求远超预制素菜类，而且这个方向才能发挥大师们的厨艺水平。

所以，从预制菜品类分化出一个新的品类"大师预制菜"。

战略方向、品类、客户都已明确，接下来就是品牌名了。

《圣经》有云："宁择好名，不选巨财。"特劳特在《定位》里曾指出："起对名字，等于战略对了一半"。

品牌名应该遵循独特、简单、顺口，并蕴含所属品类的特性。

说到起名这个话题，笔者还真有一些心得。一是，对火锅这个行业有着足够了解；二是，本人在 10 余年时间里作为餐饮从业者，自创过几个品牌，品牌名都得到了行业的认同。

吃火锅的时候有一个很直观的行为动作，即"涮"，比如涮毛肚、涮牛肉、涮鸭肠等。结合"品牌名应该遵循独特、简单、顺口，并蕴含所属品类的特性"，一个直观反映吃火锅的行为动作的"涮"字，和占据餐厅老板和顾客心智认知的"大师菜"就完美结合在一起了。

于是一个响亮的名字跃然纸上——涮大师。

然而，这个商标已被重庆一家公司注册了。

只能继续开动脑筋找寻，"涮"这个字必须保留，因为实在太具象了。那就只能在大师这个词上继续做延展，这样的大师在中国烹饪界多吗？肯定不多，因为多了就不叫大师了。既然不多，那就是少则精。对就是精！既然是大师，出自大师之手的作品，同样也是精！

于是经过多次组合和推演，"精涮师"出现了，而且注册通过可能性还比较大。

就在小伙伴们惊呼之时，笔者提议把大师的"师"，换成狮子的"狮"。一是，精涮狮和涮大师就只有一个字雷同，注册通过性基本不用担忧了。二是，"狮"在大家潜意识里更容易联想到雄狮，王者的象征。最后，作为一个新品牌，为了后期低成本的识别和传播，超级 IP 的打造很重要，这样就有了顺理成章的延展空间。

再次回顾一下"精涮狮"这个品牌名的取名逻辑。

涮，凸显品类特性，很容易直观联想到涮火锅之类的场景。

精，精致，精品之意，向消费者传递严谨、考究的品牌价值。

狮，狮子，草原霸主，食肉王者。结合涮字，已经能猜到是涮肉之类的产品。

品牌名称：精涮狮。

品类聚焦：大师火锅预制菜。

品牌战略：精涮狮，就是火锅大师预制菜。

品牌广告语：火锅大师菜，道道都好卖。

精涮狮——火锅大师菜，道道都好卖。如果你是火锅店老板，听到这句话，相信一定能引起你的关注，继而激发你尝试联系品牌的兴趣。

二 爆品战略，突出重围

本书在第五章用了整章内容，讲述关于对爆品打造的认知。

前面讲述了三个真实案例，通过对美好小酥肉、信良记小龙虾爆品打造的深度还原，以及对王家渡低温午餐肉能否成为预制菜的又一个爆品做了一个简单探讨。最后则是围绕如何进行爆品打造，重点阐述了其中一部分方法论，以及根据对应方法论对预制菜未来 TOP10 爆品做了一个预判。

下面内容将聚焦爆品打造背后的底层逻辑进行阐述。

将爆品提升到战略层面的是金错刀老师，他也被称为爆品战略创始人。著有《爆品战略》一书，感兴趣的读者可以买来看看。

笔者在这里要讲的爆品战略和金错刀老师的爆品战略还是有较大区别。

至于区别在哪里？我们从天图资本冯卫东老师隔空喊话金错刀老师开始聊起。笔者和冯卫东老师算学友，当初笔者在白象食品集团担任面点事业部总经理时，参加过特劳特定位课程的学习，冯卫东老师比我早几期。后来在定位学习群加了冯卫东老师的微信，至今朋友圈还能经常看到冯卫东老师的身影。

冯卫东老师隔空喊话金错刀老师一事，源于金错刀老师发了一篇名为《他们花巨资做了"定位"，却被一个"爆品"干掉!Why?》的推文，瞬间刷屏，并被不少自称"某某领域专家"的营销机构转载。随后冯卫东老师身边不少朋友转发该推文给他并请他予以点评。冯卫东老师作为定位理论实践者和传播者（分众传媒董事长江南春也是代表性人物之一），深谙定位之道，著有《升级定位》一书。所以才有了冯卫东老师发文《金错刀的"爆品"能爆掉"定位"吗》的隔空对话。

笔者选取了二位老师推文中各自核心观点，在还原事情来龙去脉的同时，一起看看战略与爆品之间究竟是相生相克还是相辅相成。

金错刀老师在推文中，针对定位提出了他的一个核心观点以及就定位和爆品进行了对比。

一个核心观点：在互联网时代，定位失效了。即使有效也只是常规武器，成不了战略武器。以此对应其提出的，互联网是一片巨大的流量黑暗森林，爆品才是杀出互联网"流量黑暗森林"的核心武器。

对比1：他认为定位的核心是认知大于事实。所以，战略的核心在改变认知上，比如，砸广告。而爆品的核心是体验大于一切。一切以用户为中心，其他纷至沓来。比如，做口碑。

对比2："定位"的本质就是信任状，就是找到公司能让用户产生信任的一个投名状。而他认为"以用户为中心"的爆品战略，找寻"价值锚"更重要。

冯卫东老师基于对定位理论的深刻认知和实践，对此做出了有理有据的反驳，我们一起来看一下。

冯卫东老师予以反驳的核心观点：定位理论的第一大贡献就是指出竞争的终极战场是潜在顾客的心智。因为对顾客来说，左右其行为的不是产品本身，而是对产品的认知。

同时针对金错刀提出的"互联网消除了信息不对称，所以认知大于事实不再成立，从而定位理论不再适用"的观点，反驳说"互联网带来信息大爆炸，不仅不能消除信息不对称，反而更需要定位，因为心智容量有限。"

接着针对金错刀所认为"定位的本质就是信任状，就是找到公司能让用户产生信任的一个投名状"的观点，反驳说"定位理论的第二大贡献就是指出竞争的基本单位是品牌，而非企业。"

继而冯卫东老师强调，"定位理论的第三大贡献就是指出品牌是品类或特性的代表"，来回应金错刀推文中提到的诺基亚手机失败问题。冯老师解释道，诺基亚其实是智能手机领域先驱，失败的原因在于没有自我革命的勇气，在新品类更替时选择自我放弃，从而丧失占领新品类认知的机会。

冯卫东老师的推文发出后，我们看到有人评论，"2009 年以前我认为定位能解决品牌的问题，能让品牌腾飞。后来我意识到，创业时选择一个好品类才是关键，品类不好，再定位也没啥用。品类是做对的事情，定位，运营只是把事情做得更好。品类就好比是蚂蚁还是小象，当定性后，其实一个公司的命运格局已经被确定"，还有人评论，"冯老师的这篇文章是我目前读到的对定位理论诠释最为深刻透彻的一篇文章。"

笔者没有资格也没有能力去评价二位老师的观点孰对孰错。还是在本章开始讲品牌战略时的那句老话，本着"拿来主义+选择性吸收"外加寻得的"易筋经"，融会贯通为我所用就好。

再次回顾笔者对战略的理解：

不懂哲学，战略等于零。

不懂战略，品牌等于零。

不懂品牌，爆品等于零。

而对于战略和爆品之间的关系，笔者个人肤浅观点如下。

品牌=品类=爆品。

而品牌想取得成功的前提，战略先行。

有了成功的战略指引，就有可能创建一个成功的品牌。而成功的品牌，一定是这个品类的代表。

即"品类思考，品牌表达"。比如曾经的王老吉就是凉茶这个品类的代表，特斯拉则占据了电动汽车这个品类在消费者心智中的认知。

让消费者建立品牌等于品类的认知，则需要过硬的产品。这个产品一定要热销，一定要有良好的口碑，这样的产品才有可能成为爆品。

长城汽车在听取里斯中国给出的"聚焦 SUV 战略"后，成功占领中国SUV 这个品类。然后紧随战略，成打造出长城哈弗 H6、坦克 300 两款爆品。

　　这就是基于正确战略指导下的爆品打造逻辑，也是让品牌与品类画上等号，并通过爆品反哺品牌认知的典型案例。

　　接下来给大家分享三个案例，进一步说明战略与爆品之间的逻辑。

　　案例1：牛百碗 | 老成都担担面 | 一碗面，吃成都。

　　这是笔者团队在2019年服务的一个连锁快餐品牌。"牛百碗"是品牌名，"老成都担担面"是品类名也是爆品，"一碗面，吃成都"是品牌口号。

　　牛百碗总部位于上海，主营中式快餐，店面面积在100平方米左右。前期凭借快餐市场高速增长的客观利好优势，采用加盟模式，历经10余年发展，高峰期店铺高达600余家。

　　随着老乡鸡、老娘舅等品牌通过品牌战略的制定和爆品打造，迅速从中式快餐行业脱颖而出并成长为头部品牌。这些品牌在全国攻城略地的同时，也开始挤压其他品牌的生存空间。

　　牛百碗的创始人梁总也感受到了前所未有的压力，于是找到我们准备对品牌做一次全新升级。梁总算是笔者的老友，在笔者做餐饮的时候大家就认识了。就这次牛百碗品牌升级，笔者给梁总提了一个于他来说比较苛刻的要求，"除了保留'牛百碗'三个字，将其余的一切归零"。

　　之所以提出这个要求，是我们在走访了部分加盟店后，发现这些店在牛百碗品牌认知方面可谓是"百花齐放，百家争鸣"。所以，不如趁着这次品牌升级计划，打造一个全新的牛百碗品牌。

　　梁总在思考一个月后，最终答应了我们的要求。

　　鉴于成都小吃在全国具有广泛认知，加上蓉李记作为这个品类具有一定代表性的品牌，结合牛百碗团队在川味快餐和小吃方面多年的沉淀。于是我们为牛百碗制定了，"成都小吃里的老成都味道"的品牌战略。

　　如何理解这个战略？

缘由 1：成都小吃从 20 年前全国开花的"成都小吃城"，到如今虽已形成蓉李记、龙抄手、钟水饺等品牌，但没有一个品牌提出或者占领"老成都味小吃"这个认知。

缘由 2：笔者团队对消费者在成都打卡小吃的种草笔记中发现，如何衡量小吃的地道和正宗，不是说你标榜你正宗或者地道消费者就相信。消费者很聪明，他们会通过各种渠道去寻找藏在犄角旮旯里，当地老成都人认可的店铺。

那么如何寻找一个爆品来承载品牌战略呢？于是就有了老成都担担面。

在成都小吃这个品类里，担担面是当之无愧的头牌，也就是说提到成都小吃，映入消费者脑海的第一反应肯定是担担面。

既然刚才我们说到，消费者对于地道的理解不是自我标榜，而是喜欢踏着当地人的足迹走街串巷。这种被外地人认可的地道小吃，其实就是一种极具市井味道的人间烟火气。这里保留着老成都茶馆；这里有年逾七旬的张大妈和李大妈坐在屋檐下闹家常；这里能听到采耳匠走街串巷的吆喝声……

这一切，其实就是"老成都"的缩影，这种缩影代表着对原有老手艺和传统美食的传承与坚守。

老成都担担面，无形中唤醒了消费者对于这种生活方式的回忆与向往。

当战略和爆品出来后，得到了梁总及牛百碗团队的高度认同。于是公司附近的一家加盟店自告奋勇，愿意配合此次品牌升级。作为首次尝试，以及考虑到加盟店的原因，仅花了 9,800 元买了大众点评一年的商户通和首次推广通，作为此次升级的推广费用。

好在这家店位置还不错，开在一家商场的三楼。虽然位置比不上同商场一楼的老乡鸡，但重装升级后的品牌带给消费者带来更明确和清晰地选择识别，升级后第二个月，不但销售额增加了 230%，而且运营成本降低了 30%。

运营成本的降低，主要源自产品线的减少，从而降低了人工和食材成本。当初围绕这个战略原点和爆品，我们重新梳理了牛百碗的产品线，将原来五花八门、杂乱无章，多达 70 余个 SKU，简化到不超过 20 个。

鉴于这家样板店升级改造的成功，牛百碗的加盟业务再次迸发第二春。2020 年新开加盟店 100 余家，店铺存活率也同步大幅提升。

案例 2：巴奴 | 毛肚火锅 | 服务不过度，样样都讲究。

2022 年初，笔者应"筷玩思维"创始人约稿，为其公众号撰写了一篇《张勇卸任 CEO、海底捞深陷巨亏，背后真相是品牌定位失效？》的推文。里面以海底捞为主线，分析了海底捞"好服务"战略的失效，巴奴对于"产品主义"战略正确的坚守。

从"服务不是我们的特色，毛肚和菌汤才是"到"服务不过度，样样都讲究"，我们看到巴奴虽然广告语做了改变，但是围绕海底捞展开的竞争战略和自身的品牌战略一直没有改变。

大多数人认为巴奴是通过针对海底捞的竞争战略迅速建立品牌认知的，这个观点我认可，但并不是全部，更不是原点。

这个原点就是巴奴坚定不移推行的"产品主义"品牌战略。

从最初用具象的毛肚和菌汤两个产品当作"中指"去打海底捞服务的"大拇指"。（我把餐饮经营的五个基本要素"味道、环境、服务、菜品、价格"比喻成一个人的五个手指头。大拇指最大，中指最长，所以都容易引人注目。提起海底捞的服务，大家都会竖起大拇指。提起巴奴的毛肚，大家也是赞不绝口。）所以，巴奴基于自身的品牌战略借以针对海底捞的竞争战略，将毛肚作为头牌，并成功打造成爆品。

在这场针对海底捞的 PK 赛中，巴奴取得了第一阶段的建设性成果，并迅速在消费者心智中建立起"吃毛肚火锅，去巴奴"的认知。

当海底捞在品牌战略迷茫期热衷"数字化"的时候，巴奴联合王家渡发布了"低温午餐肉"，很明显还是冲着海底捞去的，似乎其在向外界宣誓，做火锅，做好产品才是王道！同时也在传递巴奴不但毛肚做得好，其他产品也很好，以此来呼应"服务不过度，样样都讲究"。

通过巴奴这个案例我们可以看出，巴奴基于"产品主义"的战略原点，聚焦"毛肚火锅"品类，并以"毛肚"作为爆品，最终占领"吃毛肚火锅，就去巴奴"的消费者心智认知。

去到巴奴店里吃过毛肚的人，都会给出极高的评价，然后去种草，去安利朋友。于是更多的人更加坚信，"吃毛肚火锅，还是去巴奴"！

案例3：白象 | 大骨面 | 大骨汤，面更香。

2010年中国方便面市场陷入滞涨时代，规模从500亿高峰连年走低，康师傅和统一连年发起破坏性价格大战。令当时的白象和今麦郎难以招架，二者都选择了通过品牌战略制定和爆品打造，实施突围。

白象是笔者曾经的老东家。

笔者在2012年年底的时候，加入白象集团，并担任面点事业部总经理。

说到老东家，掌门人姚忠良先生至今都是笔者非常尊敬的一个人。

白象的前身是一家濒临破产的国营企业，当初姚董事长凭借自己的智慧、勇气和担当，带领一众员工踩着自行车拼搏在一线。经过不懈努力，到2011年的时候已占据国内方便面市场18%的份额，成为当时民族方便面品牌的第一，被誉为中国方便面的"黄埔军校"。

笔者尊敬和佩服姚董事长的另一个原因，是他对于食品安全和生产安全问题的零容忍。作为集团的管理层，不管经营业绩有多优秀，只要触碰了食品安全和生产安全这两条红线，轻则当年绩效可能归零，重则卷铺盖走人。所以，至今我们没有见到白象有一起关于食品安全的事件被曝光。当酸菜门事件被曝光，某师傅中招，而统某就此事口径不一的声明引起网友质疑。而白象基于对食品安全足够的重视，却能独善其身。

2012年，笔者刚加入白象时，正是白象的高光时刻。

一方面人才济济，当初的CHO鲁灵敏是前百度CHO，COO伍贤勇加入白象前曾担任过七匹狼首席运营官和李宁国际事业部副总裁&产品副总裁，而当初负责销售的副总裁杨冬云则出自宝洁系，加入白象前出任过易达集团亚太区副总裁、速 8 酒店高级副总裁。

　　另一方面，白象当时与光大证券签订了上市辅导协议，正式宣布拟在 A 股市场 IPO，并且已在河南省证监局进行辅导备案。

　　2012 年的白象集团销售额已突破 50 亿，形成了以方便面为主业，同时拥有种植、面粉、挂面、面点、饮品五大新事业部的综合性大型食品龙头企业。

　　然而在后来两年左右的时间，上述副总裁级别高管相继离职，五个新事业部负责人也只剩两个。上市之路搁浅，方便面销售额也开始下滑。

　　数据显示，2020 年中国大陆方便面市场康师傅、统一、今麦郎市场占比分别占 46%、15% 和 11%，并稳定在前三位。白象的比例不到 10%，只有7%，排名第四。曾经和白象不相上下的今麦郎，到了 2021 年更是以 12.5% 市场占比超越统一（统一市场占比 11.4%），跻身中国大陆方便面市场第二位置。而此时的白象市场占有率已经只有 5.9%。

　　想想十年前，白象比今麦郎还略胜一筹，本该更有机会坐上中国大陆方便面第二把金交椅的位置。

　　然而这一切改变的转折点是一款叫大骨面产品的诞生。

　　当时白象采用了"大骨面专家"的品牌战略，推出大骨面。当时白象对大骨面寄予了极高的厚望，希望能够成为继康师傅红烧牛肉面和统一老坛酸菜面，方便面行业的又一款爆品。

　　笔者直到这次写书，才把和大骨面相关的信息做了一个全面深入地了解。也是第一次知道，统一早在 2008 年就推出了主打汤的面，叫汤达人。

　　我们一起来看看汤达人在市场的表现。

　　统一自 2008 年推出汤达人，销量很小，几乎没有什么市场影响，好在统一一直在坚持，一是坚持不降价，二是坚持在终端做陈列，两个老坛酸菜的排面，就有一个汤达人的排面。

但在接下来 5 年时间内，汤达人几乎没有什么动静。

直到 2013 年，汤达人销售额出现转机，突破 1 亿元。到了 2015 年，跨入 5 亿元销量阶梯。由于接近 10 元一盒售价带来的高毛利，成为统一内部的"三好学生"。到了 2017 年销售额增至 15 亿，2018 年差不多 20 亿左右。

也就是在实现 20 亿销售额的 2018 年，统一汤达人品牌走向开始发生较大转变。

2018 年初统一推出汤达人礼盒装，产品打出"有面更体面，送礼汤达人"的口号，直击礼品馈赠的消费需求。

2019 年年底，统一推出汤达人 2.0 系列新品"极味馆"。相比经典 90 克装汤达人系列，全新升级后的极味馆系列价格高出了一倍。至此，统一也完成了在高价面领域的又一次价格升级。

2020 年年初，统一在部分区域推出元气满满集结杯，用文字的形式在一个小小的杯身上"玩出花儿来"，意欲靠杯装营销征服消费者。

回顾汤达人的历程，耗费 10 年时间才艰难地实现 20 亿销售额。而统一之所以敢用 10 年时间去培养，是因为有爆品老坛酸菜面作为支撑。

在实现 20 个亿后品牌画风的转变，以及自 2021 年开始财报不再披露汤达人销售增长数据，这背后又意味着什么呢？是不是和本书前面提到过双汇的财报也不再出现低温肉制品销售信息异曲同工呢？

是汤达人自身问题，还是消费者心智开始偏移？

同样主打"汤做主"的白象大骨面，虽用大骨汤，诉求面更香，为何却难担当？

"大骨汤，面更香"便是这款产品的广告语。从这句广告语可以看出，大骨面的诉求重点在汤上。

很显然，当初白象制定的大骨面战略，明显是冲着康师傅红烧牛肉面和统一的老坛酸菜牛肉面去的。

"四川陈年老坛酸菜，九九八十一天腌制而成 这酸爽，不敢相信……就是这个味"这是统一老坛酸菜牛肉面的视频广告文案，其核心诉求是四川老坛酸菜。四川酸菜在消费者意识中有着很强的认知，这种认知后来还捧火了酸菜鱼。

同样康师傅经典爆款红烧牛肉面也是聚焦川味，成为方便面行业的经典。

而大骨面，在消费者的认知里显得较模糊。还不如兰州拉面、山西油泼面、河南烩面甚至舶来品的豚骨面有认知度。这也是统一在推出汤达人时，为何聚焦日式豚骨拉面的原因，毕竟有味千拉面在中国市场培育多年养成的认知。

另外，康师傅的红烧牛肉面和统一的老坛酸菜牛肉面成为爆款还有两个原因：重口味和牛肉面。方便面为什么多为重口味？因为很多时候吃方便面是不得已的选择，重口味更能激发人的食欲。这也是麻辣火锅能成为国民第一大美食的原因。至于牛肉面，这个认知就完全不用培养了，北派有牛肉拉面，南派就是红烧牛肉面。

所以，当川味的重口味加上牛肉面双重组合，很容易找到消费者心智认知，离成功就更近了。

当初，虽然白象新项目事业部在业务上和主业方便面相对独立，但基于对姚董事长的崇拜和尊敬，再加上作为一个刚三十出头的重庆小伙的率真，笔者还是忍不住提出了反对的声音。

纵然那时的笔者对定位理论懵懵懂懂，对整个方便面行业也未作深入了解。

但并不影响笔者提出反对的声音。

源于直觉，源于作为一个消费者的直观感受而发出的反对声音。

首先，早已迈入存量博弈时代的方便面行业，即将迎来新的挑战。

2012 年，随着"饿了么"雏形初显以及智能手机迎来 3G 通信时代，外卖的兴起必将对方便面行业造成较大冲击。

另外，随着我国高铁的快速发展，旅行时间大大缩短，也将继续缩减部分旅行者对方便面的需求。

当然，当时提出这个建议不是说要让白象放弃方便面的主业，而是要明白当时代在不断演变，我们也要随之做出预判。

因为，唯进化，方能更好地生存。

其次，如何打造与统一和康师傅的竞争差异。

红烧牛肉面、老坛酸菜面，这两款爆品都聚焦味道。但是方便面是由我们日常面食演变而来。

好吃的面食有两个要素：味道和面条本身。

好味在南方，川菜又是中国八大菜系之一，所以康师傅和统一都选择了川味。

好面自然在北方，北方面条，讲求爽滑、筋道。2002 年，今麦郎出过一款弹面轻松拿下 10 亿销售额。

鉴于这种直觉，当时笔者提出：白象应该聚焦面条，从面条里寻找战略的原点，并以此来建立和康师傅和统一的竞争差异。

最后，关于白象方便面的战略思考。

那时的我还未进入咨询这个行业，也是第一次接触定位理论，凭着自己的直觉提出了关于白象方便面的战略思考。

聚焦面条，在面条上找寻特性，以此为战略突破口。

如果以此为战略原点，在后期运营配称上白象具备以下三方面优势。

优势 1：白象从小麦种植源头到面粉加工环节已形成产业链，能够确保原材料品质优势。当初白象的小麦种植基地位于郑州新郑，这个区域的纬度恰好地处国际公认的"黄金优麦区"地带。

优势 2：白象总部位于河南省郑州市，姚董事长也是地地道道的河南人。这些对于白象来说，仿佛是打娘胎里带来的先天优势。因为在我国，大家公认的面食大省有三个：山西、河南和陕西。

这就是好吃的重庆火锅，为什么品牌总部在重庆一个道理。

优势 3：当时我所在的事业部主打产品为鲜湿面条和馒头，其中面条凭借"爽滑、筋道"深受消费者喜爱，证明白象至少已经具备了做出好面条的基础研发优势。

鉴于上述分析。

我认为，以聚焦面条差异化为战略原点。同时以"河南出好面，好面出白象"为品牌诉求，抢占消费者已有认知。同时对加强白象和当地政府的公共关系也能起到很大助推作用。

只可惜，建议并未被采纳。

然而我们看到，时隔 20 年后今麦郎再次强势回归。这个曾经在弹面上尝到甜头企业于 2022 年 10 月 14 日，和张卫健 20 年后"再度重相逢"登上热搜，阅读量高达 1.2 亿次，并再度掀起一波全网回忆杀热潮，就算现今已经远离方便面的消费者都不禁感叹道："我期待的弹面终于又回来了。"

只可惜，时光不能倒流。

经过三个案例的详细阐述，相信读者对于爆品和战略之间的逻辑关系有了一个较为清晰的认知。战略好比人的大脑中枢系统，是一个思考和发出指令的最高作战机构。而爆品就好比我们的拳头，一个紧握的拳头。当大脑对拳头发出精准打击指令时，便能爆发出洪荒之力，给敌人以致命打击。

所以爆品的打造是以品牌战略为原点，并遵循以下步骤。

第一步，制定战略的目的就是期望品牌未来占据某个品类，也称为品类战略或品类聚焦。

第二步，在聚焦的品类里通过品类分化发现某种特性，这个特性出现在产品最好能被消费者直观感知。

第三步，根据特性反复打磨产品，直至产品特性足够突出和易直观感知。

第四步，将这种特性提炼成能让消费者简单、易懂的一句话，即产品广告语。

第五步，根据战略规划，围绕原点人群制定合理的传播计划。

第六步，利用原点人群实施引爆，扩大销售和不断重复购买，最终通过产品的口碑反哺品牌。

第七步，继续实施合理的传播，最终形成品牌认知。

至此，一个从战略到爆品，爆品反哺品牌的闭环打造完成。

三 好广告语，事半功倍

广告语在不知不觉中走进我们生活，并悄无声息地影响着我们日常行为，甚至让我们养成一种难以察觉的习惯。

深夜 11 点客户发来微信让你明早 9 点到他办公室签合同，此时航班没了，高铁也没了。于是你买了 4 听红牛放车上，以应对 4 个小时车程可能出现的犯困。凌晨 3 点多，到达客户公司附近，看到"爱干净，住汉庭"于是你在那里开了一间房。早上 8 点，起床拿出行李箱里的海飞丝给自己洗了个头，因为你不想客户看到你头上的头皮屑。

合同签订很顺利，到了中午，客户说请你吃火锅。

由于昨晚没休息好，你感觉自己有点上火，再加上要吃火锅，于是你习惯性地向服务员要了一听王老吉。

回想一下，为什么你夜间开车买红牛？因为"累了困了，喝红牛"；酒店那么多，为什么选汉庭？因为"爱干净，住汉庭"；为什么见客户前要用海飞丝洗个头？因为"去屑，就用海飞丝"；吃火锅的时候，你为什么不喝可乐，却要喝王老吉？因为王老吉的广告告诉你"怕上火，喝王老吉"。

这就是成功广告语的魅力，它像一种心理暗示并向你发出指令：选我，放弃我的竞品！

这节，我们就来和读者聊聊好的广告语是如何生产出来的。

王老吉的广告语为什么是"怕上火，喝王老吉"？而不是"上火了，喝王老吉"？有人会说王老吉本身没那个功效，不能夸大宣传。对于这个说法，是也不是。王老吉这句广告语被生产出来，源于其背后的品牌战略——"预防上火的饮料"。

那为什么海飞丝又敢很自信地喊出"去屑，就用海飞丝"？因为海飞丝的品牌战略是——"专业去屑"，同时为了达到真正去屑的效果，添加了 ZPT 即吡啶硫酮锌，对真菌和细菌有较强的杀灭力，能够有效地杀死产生头皮屑的真菌，起到去屑作用。

"爱干净，住汉庭"这句广告语的提出，同样是基于当初华与华给汉庭做咨询时，把"极致干净"作为品牌战略原点。

所以，通过上述几个成功广告语的剖析，我们发现它们都有一个共同点，就是成功的广告语与背后的品牌战略密不可分。

在上一节我们说到爆品源自正确的品牌战略，同样成功的广告语也源自正确的品牌战略。

在笔者团队做咨询服务客户过程中，我们认为好的广告语应该符合以下几个维度：

第一，战略的承接和表述。

第二，彰显品牌核心竞争力。

第三，极具购买号召力。

第四，简单易懂易感知。

接下来我们来通过四个案例的分享，给大家还原一下好的品牌广告语生产逻辑。

案例 1：精涮狮 | 火锅大师菜，道道都好卖

我们再简单回顾一下精涮狮这个案例，在餐厅老板心智认知里，烹饪大师研发的菜能够成为畅销菜；而在顾客心智认知里，烹饪大师做的菜是他们非常愿意去尝试的菜。

同时精涮狮聚焦火锅腰部品牌，恰好这部分品牌大多都没有组建专业的研发团队，但又害怕自己餐厅因没有推出市面上流行和火爆的菜品而失去吸客能力，渴望有专业机构帮其完成这项工作。

所以，我们帮精涮狮从预制菜这个品类里分化出"大师火锅预制菜"，并为其制定了"精涮狮，就是火锅大师菜"的品牌战略。

基于精涮狮的品牌战略，我们从而提出精涮狮的品牌广告语——火锅大师菜，道道都好卖。

这句广告语不仅得到了客户的高度认同，也为其带来了不错的销量。

首先，很好地承接了品牌战略。直接将"大师火锅大师菜"的品牌战略，在广告语的开头旗帜鲜明地竖起来。就如同王老吉的品牌战略是"预防上火的饮料"，所以广告语的开头就是"怕上火"。

其次，这句广告语明确地提出了品牌的核心竞争力，也就是能为客户带来什么好处。能打动客户的只有与其切身利益相关的事，否则他就无感。那么这句广告语能让客户感受到与他的利益相关的是什么？第一重利益是大师菜，解决了自己研发难题。第二重利益是好卖，这简直是说到了餐饮老板的心坎上了。好卖才是王道，唯有好卖，才能赚钱！

再则，这句广告语能很好激发餐饮老板联系品牌方的欲望。因为完全说出了餐饮老板的痛点和需求，在他内心一直渴望解决的事，今天终于有人能帮自己解决了。于是毫不犹豫地掏出手机，拨通精涮狮销售电话……

最后，这句广告语简单明了，朗朗上口。"火锅大师菜，道道都好卖"，

没有一个字或词语是需要大脑二次转换和思考的，一看就明白，一听就能懂。这句广告语之所以朗朗上口，还有一个原因就是很押韵。

案例 2：牛百碗 | 老成都担担面 | 一碗面，吃成都

从 2015 年开始，成都随着火锅和串串香代表性品牌的崛起，再次让这座"世界美食之都"香飘全国。每年来自全国各地的美食爱好者来到天府之国，除了享受舌尖麻辣外，自然得尝尝地道的成都小吃，毕竟成都小吃在全国是非常有影响力的。但是这些来自全国各地的"饕餮"在寻找成都小吃时，开启了走街串巷模式，寻找当地人尤其是老成都人喜欢的小店美食。

所以，我们为牛百碗制定了"成都小吃里的老成都味道"的品牌战略，并将具有中国十大面食称号，也是成都小吃头牌的担担面作为牛百碗的爆品，于是便有了牛百碗 | 老成都担担面，就有了，牛百碗品牌口号——一碗面，吃成都。

最终呈现在消费者面前的完整组合是：牛百碗 | 老成都担担面 | 一碗面，吃成都。

一碗面，吃成都。

一碗面，指的是老成都担担面，是对爆品的承接与呼应。

吃成都，是对品牌战略的承接和体现，因为成都小吃不只有担担面，同样在牛百碗除了担担面还有红油抄手，还有钵钵鸡，还有三大炮，当然也还有美好的小酥肉等。

一碗面，吃成都，带给消费者的利益诉求是，不用去成都，也能品尝到老成都的地道小吃。

一碗面，吃成都，于品牌的竞争力是，当下中式快餐口味千篇一律，消费者早已厌倦，所以总想找点具有地方特色的美食。这也是近几年地方特色小吃迅速崛起的原因，比如乐山跷脚牛肉在全国就很火，江西米粉也受越来越多的人追捧。

一碗面，吃成都，同样简单、明了。看似简简单单、极其平凡的六个字，可谓短小精悍，爆发力不容小觑。和"爱干净，住汉庭"有异曲同工之处。

案例3：味知香

味知香作为预制菜赛道专业选手，在经历了上市之初的高光时刻，2021年5月19日迎来最高点的138.8元后，开始一路走低。截至2022年10月17日收盘，其股价为51.60元，相比高点合计跌幅超过60%（数据来源：九方智投）。

同时，据有关媒体报道味知香单店营收出现下滑之势，受此影响加疫情客观原因，公司2022年度营收和归母公司利润增速较之前也大幅降低。

在本书第三章的味知香专题板块，我们对味知香做过详细分析。恰逢在撰写本书的时候受某证券机构邀请参加了味知香策略交流会，主要内容是关于味知香近期经营情况披露和交流。通过这次交流会印证了笔者的预判，味知香任重而道远。

通过味知香官网，发现有两句疑似于品牌的广告语，"买预制菜就选味知香"和"半成品菜就买味知香"。

不知是由于品牌在做调整还是其他原因，这个不得而知。我们就这两句疑似于品牌的广告语做个简单的剖析。

"买预制菜就选味知香"，这句话是不是和曾经"果冻，我就要喜之郎"很类似。

喜之郎为什么敢用这句广告语？

喜之郎，是中国果冻食品领域的第一品牌，老字号。从1993年起步到今天，已经发展为营业额超10亿元的大型企业，是目前世界上最大的果冻、布丁和海苔等休闲类食品的专业生产和销售企业。公司现有员工6,000余人，产品深受消费者喜爱，并被国家质量技术监督检验总局授予"中国名牌产品"称号。公司商标"喜之郎"被评为"中国驰名商标"。

当年喜之郎这句广告语被大家耳熟能详，也和喜之郎在央视豪掷千金密不可分。

拿笔者看了三遍的《三国演义》里面的剧情打个不恰当的比方。当时汉献帝被一代枭雄曹操劫持到许昌后，孙策将传国玉玺质押在袁术手中，借得兵马得以返回到江东。袁术拿到传国玉玺后在寿春称帝，此举招致各路诸侯的讨伐，最后被曹操和刘备联手打败。从称帝到自取灭亡，不到三年时间。

我们再来看看刘备的称帝之路。刘备直到曹丕强迫汉献帝禅位于他，并在汉献帝遭到迫害后，才在一众文武大臣"逼迫"之下称帝。而此时的三国不再是袁术称帝时的军阀割据，而是真正的魏蜀吴的三足鼎立，而且刘备的军事实力、人才队伍、地盘割据实力也不容小觑，况且还有汉室皇叔身份的光环，同时刘备也深得人心。

反观今天的预制菜，非常像袁术还活着的三国时代，军阀割据，还未真正形成鼎立之势。

2021 年预制菜行业市场占有率前三的企业分别为厦门绿进 2.4%、安井食品 1.9%、味知香 1.8%。味知香 1.8%的市场占比，营业收入 7.65 亿元。相比2021 年国内方便面市场前三品牌，康师傅、今麦郎、统一，市场占有率分别为：35.8%、12.5%和 11.4%。康师傅是当之无愧的国内方便面霸主，然而康师傅也未打出"方便面，就买康师傅"的口号。

"买预制菜就选味知香"这句疑似品牌的广告语，我们可以看出味知香的雄心壮志，但是否有点操之过急？另外如果要用这句话，味知香是否应该加强品牌宣传方面的投入呢？

"半成品菜就买味知香"，这句话如果说是味知香下一步准备启用的品牌广告语，就着实让笔者有点没看懂了。

中国烹饪协会关于预制菜的定义："以一种或多种农产品为主要原料，运用标准化流水作业，经预加工（如分切、搅拌、腌制、滚揉、成形、调味等）

或预烹调（如炒、炸、烤、煮、蒸等）制成，并进行预包装的成品或半成品菜肴。"

难道味知香是为了进一步明确自己是预制菜里的半成品菜肴，而非预包装的成品？我们在文章前面部分也提到过，大家对于预制菜的认知度还是不够全面。味知香是否想要向消费者传递，一种类似超市里净菜现切现包装的感觉？

在笔者参加味知香策略交流会，就有投资者提问"如果要说方便快捷，消费者为什么不选紫燕而要选择味知香？请问味知香的产品有什么优势？"由于当时是电话会议，信号不太好，记得味知香负责人答复的大致意思是"产品较紫燕相比更新鲜"。

因为笔者曾任职廖记棒棒鸡重庆公司的总经理，对熟食行业有所了解。当时廖记的产品在严格存储条件下，最长保质期不超过 48 小时，一般都是当天产品当天售完。那么味知香的产品保质期是多久？在网上查询了一下，三个月、六个月乃至一年保质期的产品都有。

如果这样看，好像也谈不上更新鲜的概念吧？

为了探寻究竟这两句话，哪一句有可能是味知香的品牌广告语。笔者找圈内朋友打探了一下，味知香是否做过品牌战略咨询？如果做过是哪家机构？

结果圈内的人都表示不清楚。或许，这就是答案吧。

案例 4：信良记 | 小龙虾 | 餐厅的味道，一半的价格

2021 年，信良记除了与顶流直播间合作之外，更是豪掷亿元，在全国 22 个城市启动分众电梯广告投放，打出"餐厅的味道，一半的价格"口号，掀起"小龙虾爽到家"的热潮。

餐厅的味道，这句话传递了两层意思。一是，信良记的小龙虾虽然是工厂出品，但是大家可别忘了其创始人是餐饮人出身，味道不会差。二是，暗指竞品的味道是食品工厂出来的味道。其核心思想是，信良记的小龙虾是可以和餐厅媲美的味道。

　　一半的价格，这个就直接击中消费者的要害。不用花冤枉钱去吃餐厅吃小龙虾，直接买信良记的小龙虾好吃还省钱。

　　"餐厅的味道，一半的价格"，整句话一出来，给人一种强烈的购买欲望。因为消费者立马会想到前几天才去餐厅吃了一份龙虾 98 元，还没吃爽。今天用这个价格，可以买两份。一个字，就是爽！所以，信良记的广告画面，用小龙虾拼出了一个大大的"爽"字。

　　通过上述 4 个案例的剖析，我们可以看出成功的品牌广告语一定是源于正确的品牌战略。

　　接下来，我们再来聊聊，制定品牌广告语还需注意的其他细节。

❶ 精练，精练，再精练

　　作为品牌方总想把品牌的 10 个好处都告诉消费者，有时候甚至巴不得给消费者来个"一千零一夜"的故事娓娓道来。但是，大家一定要注意，没有哪个消费者喜欢看广告，尤其是那种啰里啰唆的广告。

　　所以，广告语一定要精练，精练，再精练。

　　因为，少即是多。

　　爱干净，住汉庭；一碗面，吃成都。这就是极其精练的广告语，短小而精悍。

　　所以，好的广告语一定是品牌战略的承载和体现，只需告诉消费者你与竞品独一无二的核心差异点。

❷ 说到做到的承诺

　　广告语不是忽悠消费者的情怀，是品牌说到做到的口碑承诺。

　　广告语是为了吸引消费者并愿意为之做出购买尝试的行动力感召，但同时消费者会用产品的使用或服务的体验来印证你在广告语里的承诺。如果得以印证或者给他带来意外惊喜，这样便会给品牌带来好的口碑，反之则会被消费者认为虚假宣传，让消费者感觉愤怒，甚至带来法律风险。

所以，王老吉的广告语是"怕上火，喝王老吉"，而不是"上火了，喝王老吉"或者"王老吉，能去火的饮料"，因为王老吉不具备这样的显著功效，它不是药，只是凉茶饮料。

而海飞丝加入了 ZPT，即吡啶硫酮锌，对真菌和细菌有较强的杀灭力，能够有效地杀死产生头皮屑的真菌，能起到很好的去屑效果。所以才敢承诺"去屑，就用海飞丝"。

2013 年笔者在白象集团履职期间，经常去巴奴吃火锅。第一次去的时候，招牌上大大写着"服务不是巴奴的特色，毛肚和菌汤才是"。结果体验下来，发现巴奴的服务和海底捞不相上下，瞬间就增加了对巴奴的好感。

广告语可以适当采取修辞方法，主要是为了更好的传播效果，但切忌浮夸。

3 广告语最好含品牌

"爱干净，住汉庭"，"去屑，就用海飞丝"，"怕上火，喝王老吉"，像这种含有品牌名称的广告语，最大的好处就是降低传播成本，强化品牌认知。

但是，这样的广告语往往难度比较大。

4 尽量用口语、俗语

"今年过节不收礼，收礼只收脑白金"这句广告语再配上"接着奏乐、接着舞"的快乐老太太和老太爷的画面，被誉为史上最恶俗的广告。

恶俗，确实恶俗！

但是，销量好呀。

广告语的目的是什么？是为了提升品牌知名度，这个答案算半对。广告语真正的目的，是为了拉升销量，快速拉升销量，拉升至最高的销量。

脑白金做到了！

因为史玉柱非常了解人性，也深谙传播之道。

广告语是用来传播的，传播关键是传，而不是播。所以，广告语不是我说一句话给他听，是我设计一句话让他听了以后说给别人听。

想想，大家在逢年过节串门走亲戚，老公是不是都会问媳妇一句"今年春节，我们送点啥？"送礼是中国人情社会的人之常情。所以，"今年过节不收礼，收礼只收脑白金"这句话，三岁的小孩都能朗朗上口。

所以，广告语必须是口语，也就是要说人话。像古代的谚语一样，之所以广为流传，因为采用的是口语。

广告语切忌使用书面语和专业术语。

因为书面语是视觉语言，属于眼睛的，眼睛看到这句话才能有反应。口语是听觉语言，眼睛能看，嘴巴能说，耳朵能听的，你要把消费者的眼睛、嘴巴、耳朵都用上。

被人调侃"南抖音，北快手，智障界的俩泰斗"，前者拥有每天活跃用户量8亿左右，为什么能有这么大的用户基数。大家看看自己刷到的超高播放量的短视频，是不是都是用的口语和俗语？

5 用行为词和行动词

笔者说过广告语其中一个功效，就是促进购买的欲望和行动。所以，广告语中尽量用行为词和行动词。

"一碗面，吃成都"，"吃"就是行动词，意在告诉消费者，进到这家店就可以吃到成都整座城市的美食。

"火锅大师菜，道道都好卖"，"好卖"是行为词，告诉餐厅老板，只要你买精涮狮的火锅大师菜，就会给你餐厅带来好卖的行为。

另外，在广告语中尽量避免使用形容词和修饰词，比如：更多、更好、生态、健康、美味之类的词。一是这种词比较抽象，每个人对此理解不同；二是这类词缺乏感召力和行动号召力。

6 拒抽象，要具象

广告语的制定，避免用抽象的词语，尽量具象。所谓具象，就是能够定量的就别定性。

喜欢运动的人则经常说"饭后百步走，活到九十九"。百步走、九十九这些都是具象的说明。

"充电五分钟，通话两小时"是不是就比"充电一小会儿，通话更长久"好很多。因为，一小会儿和更长久是个抽象的概念，一小会儿是多久？10秒钟，还是10分钟？更长久又是多少？30分钟？还是3个小时？正因为这种抽象概念对于每个人来说理解不一样，就很难起到对消费者直观地打动作用。

7 奇数比偶数好

"爱干净，住汉庭""一碗面，吃成都""火锅大师菜，道道都好卖"，大家有没有发现，好的广告语每句话字数奇数多，偶数少。

因为我们经常读的唐诗，主要以五言和七言两类为主。所以我们从小养成了一种习惯，也就有了"熟读唐诗三百首，不会作诗也会吟"的说法。

8 尽量押韵

"床前明月光，疑是地上霜"为什么朗朗上口？除了是五言绝句，还有一个原因是押韵。押韵能使作品声韵和谐，便于吟诵和记忆，具有节奏和声调美。

所以，"爱干净，住汉庭"就比"爱清洁，住汉庭"更上口，同样"火锅大师菜，道道都好卖"也比"火锅大师菜，道道都畅销"更顺溜。

品牌的传播除了要有好的广告语作为听觉识别符号，还得有好的视觉识别符号。一个好的品牌识别符号能够极大降低品牌传播成本。

四　超级 IP，降低传播成本

在 2021 年的时候，一个为 B 端餐饮和复合调味品工厂提供辣椒、花椒的老板突然联系笔者，他想做品牌升级。

这位老板说，他目前在这个赛道也算得上数一数二的规模，不仅全国诸多知名餐饮使用他家的产品，同时还为多家大型复合调味品企业提供辣椒和花椒定制服务。接着这个老板还给笔者分享了他创业的心路历程，如何从搬运小工一步步做起，最后得到岳父认可，岳父打破传内不传外的规矩，他最终"子承父业"。为了把家传事业做大做强，于是大小展会都能见到这个老板参展的身影，各种活动论坛也是一个也不落下。

当问及这次品牌升级的初衷，这位老板如是说：如今企业已经上了规模，现在的"皇冠"商标是之前随便找人设计的，如今经常和那些有设计感的品牌同台竞技，感觉有点登不了大雅之堂。另外就是翠红和六婆做辣椒深加工近几年发展得很不错，也想分杯羹。

笔者告诉这位老板，品牌升级或许在他眼里是一个"高大上"的商标，但这只是品牌表现的一部分，其核心是品牌战略。

老板自顾自地开始讲述他所认知的品牌，并且告诉笔者这是他为了企业发展花了多少钱去专门学习的，并叫来市场部的一位经理一起做我的思想工作。笔者借故有事，消失在田老板略带失望的眼神中。

在回公司的路上，笔者和助理说这个老板就当交个朋友吧，案子的事就别当回事。

大概又过了三个月，笔者的电话响了。开口第一句话就是"杨总，其他公司都找我好几次了，你怎么不理我呢？"笔者一时语塞。老板继续说"我问了一下身边的朋友，他们对你们的业务能力评价都挺高的，你今天下午来趟我办公室。"

助理对笔者说，"杨总，看来这个老板有戏。"

"走吧，先去，这是起码的尊重。结果嘛，去了就知道了"

到了他办公室后，老板先说到"至于品牌战略这个我搞不懂，我觉得也有可能很重要吧，这方面你们说了算。"还未等我接话，他继续说"但是关于品牌设计方面，这个我要参与，而且我觉得凭我对自己的企业的了解和我的审美观，我拥有一票否决权。"

笔者只好借口他给的时间不充足，委婉地拒绝了。

过了没多久，该老板的新商标诞生了，继续延续了"王者之冠"皇冠的设计思路，只不过这次的皇冠经过工匠的雕刻后，有点"吉吉国王"的风范。

关于这件事，是笔者在做咨询服务过程中的真事，绝非为了写文章杜撰的结果。这其实也反映了一部分企业老板在看待品牌设计时的某些共性。

由于笔者经常去西南大学给同学们讲品牌营销，有次课堂上同学们向笔者提问，关于如何评判品牌 LOGO 设计好与坏的标准。

在这里也分享一下，笔者个人的看法。

如果一个 LOGO 设计，需要用十几页 PPT 乃至更多的页数为客户阐释这个 LOGO 的设计内涵，在笔者看来这就是典型的失败设计。

同学们觉得甚是不理解。笔者说奔驰汽车的车标大家都认识吧？同学们都表示认识，也大概知道奔驰传递给消费者的品牌价值和理念。当我再问道，谁知道奔驰商标演变历程和所代表的设计内涵的时候，大家都摇了摇头。

第二个问题是，如果我们将奔驰汽车和苹果手机商标隐去所代表的背后品牌，假如"三叉星"和"被人咬过一口的苹果"这两个图形第一次出现在大家面前，大家会觉得谁更有种似曾相识的感觉和看过后更容易记住。

超过 80% 的同学的答案都是苹果手机的 LOGO。而且给出的理由也是惊人的一致，一是苹果手机的 LOGO 就是我们日常生活中经常吃的苹果，所以有种似曾相识的感觉；另外，容易被人记住的原因是，这个苹果居然被人咬了一口。

所以，像苹果手机这样的 LOGO 就是成功设计的典范。

由世界品牌实验室（World Brand Lab）编制的 2022 年度（第十九届）《世界品牌 500 强》排行榜于 12 月 15 日在美国纽约揭晓。排在前十的品牌分别是：苹果、微软、谷歌、亚马逊、沃尔玛、丰田、麦当劳、梅赛德斯-奔驰、可口可乐和特斯拉。

这些品牌大家都非常熟悉，但哪些品牌在我们头脑中更有记忆点？

被人咬过一口的"苹果"，有着"窗户"的微软，带着"微笑箭头"的亚马逊，立着"金拱门"的麦当劳，舞动着"飘逸丝带"的可口可乐、高速转动着的"电动机"特斯拉。

当然，笔者不是说其他品牌的 LOGO 设计得不好，只是说这些品牌更容易给消费者一种熟悉感和具备更强的记忆点。而且所有的品牌 LOGO 设计背后，都有其非常丰富的内涵。

品牌传播需要两样最基本的东西，视觉和语言。

在劳拉‧里斯《视觉锤》一书中说道"视觉是锤子，语言是钉子，将语言这个钉子钉入顾客心智的工具就是'视觉锤'。"所以钉子（语言）很重要，锤子（视觉）要更有力。

华杉在论超级符号时说到，"一个超级品牌就是一个伟大的符号系统。品牌要么始于符号，要么成为符号，通常两者都是。"同时他强调超级符号的意义在于"符号的意义在于降低品牌的成本——被发现的成本和被记住的成本。"

把两位老师的观点总结成一句话，不管是广告语的制定还是品牌 LOGO 的设计，其核心目的都是为销售服务，无它。

接下来我们继续用精涮狮的案例，来给大家分享超级 IP 的打造。

案例：精涮狮 | 火锅大师菜，道道都好卖，超级 IP（知识财产，Intellectual Property）打造。

前面我们分享了精涮狮品牌战略"火锅大师菜"，以及根据战略制定的品牌广告语"火锅大师菜，道道都好卖"，接下来就是如何设计一个易于识别的品牌符号了。

我们的指导方针就是，打造一个超级 IP。

什么是超级 IP？

迪士尼的米老鼠就是超级 IP。

提到迪士尼，你最先想到的是什么？相信绝大多数人最先想到的就是憨态可掬的米老鼠。据美国媒体曾经做过的一项调查显示，米老鼠是世界上最能被辨识的人物之一，在全年龄段受访者中的知名度高达 97%，甚至超过了圣诞老人。

在 2003 年的时候，这只老鼠以价值 58 亿美元荣登美国财经杂志《福布斯》推出的"虚构形象富豪榜"。迪士尼 2020 年的商品许可和零售营收为 52 亿美元，主要归功于当初华特用铅笔画下的那只小老鼠。

除了那只老鼠，还有只小猪也很赚钱，一年仅卖授权收入就超过 10 亿美元。它就是"小猪佩奇身上纹，掌声送给社会人"的小猪佩奇。

米奇和佩奇之所以能成为超级 IP，除了品牌方的包装与推广，根本原因在于 IP 背后原型极具广泛的认知度。人们从孩童时代，就开始通过看图识字，认识了小老鼠、小猪，通过后期创作再赋予它们可爱又有趣的灵魂，自然广受大家喜爱。

所以，本着这个逻辑我们为精涮狮创作了一个超级 IP——功夫大狮，并赋予它"精于艺，专于涮，大师功夫肉食派"的王者风范。

"功夫大狮"的创作灵感源于我们团队创意总监小灰灰，一个和著名导演高希希长得有几分神似的文艺青年，因为在他看来，精涮狮和功夫大狮就是原型和替身的关系。

超级 IP 的第一步是策略关键词。

通过前期的策略分析，圈定品牌的"一词定音"，选择品牌打造的原点。显而易见，精涮狮品牌 IP 的核心关键词在"狮"。

首先"狮"不仅有具象的联想和认知，而且这种联想认知也是正向与积极的。"狮"的肉食属性与领先王者气度，已经有了广泛的认知度，这就和精涮狮主打火锅调理肉制品，与占领该品类领先王者的企业愿景高度契合。

其次，狮子具有广泛的识别度，而且是草原上的霸主，和精涮狮的品牌战略，火锅大师菜一样，都具备顶级技艺。

再则，狮子属于肉食动物，而且喜食牛肉。而精涮狮就是以肉制品预制菜为主且主打牛肉。

超级 IP 的第二步是内涵的异质化。

选定关键词"狮"之后，接下来，我们开始从 IP 内涵上，通过借力"文化"，打造独属于品牌的超级 IP，帮助精涮狮占据差异性和高质化的关键特性。挖掘"狮"背后的文化原型并进行品牌专属的转化，即把公有财产私有化，从而唤醒客户大众的集体认知。

对于中国人最熟悉的"狮"文化，无疑是舞狮。有华人之处，必有舞狮，舞狮的历史可以追溯到唐代，长盛不衰，历代相传。每逢佳节或集会庆典，特别在餐饮开业，舞狮助兴博得好彩已经是必不可少的项目。2022 年的动画电影《雄狮少年》的大火，说明舞狮文化也得到年轻一代的认同和喜爱。然而，精涮狮是否能借力"舞狮文化"？

我们从三个维度来判断：

①抢占性：舞狮文化＝行业独占的心智空位。

与品牌名高度关联的舞狮文化，在预制菜品类中仍处于心智空缺状态。甚至可以预判，这个优质空位很快会被发现和抢占。精涮狮时不我待，必须抢先独占。

②可视性：舞狮文化＝"功夫大狮——火锅预制大师菜"的具象价值。

舞狮文化背后的匠人精神与功夫技艺，与"功夫大狮"直接挂钩。在舞狮形象输出上，舞动金狮的认知度极高，背后的价值观显而易见，传递到客户端，让品牌的认知与传播事半功倍。

所以，一只舞动着的功夫大师的 IP 就出现了。

超级 IP 的第三步是形象的美学转化。

超级 IP 的形象美学转化，需要考量的点也很多。是否贴合品牌气质、是否适合市场风格、是否内外统一、文化原型转化程度。这样，才能最终形成品牌的专属系统化表达。经过仔细斟酌，反复尝试，一只舞动着的功夫大师的 IP 形象就出现了。随后以这个 IP 为核心点，精涮狮的品牌形象系统包括色彩、图腾纹样、标准字体、系统应用一脉相承。

我们来看看这个超级 IP 在传播中带来的实际效果。

某火锅店高峰上客期间，忙碌的后厨画面。

厨师甲（老员工）：帮我拿一袋精涮狮的麻辣牛肉。

厨师乙（入职一天的新员工）：手忙脚乱中（三分钟已过去）……

厨师甲（老员工）：还没找到？（不耐烦中）……哦，对了，你看那个墨绿色包装袋上，有一个功夫狮子的就是！

厨师乙（入职一天的新员工）：你早这样说，早就给你了！

于是，后来这家火锅店，一说精涮狮的产品，都喜欢说把"功夫狮子"麻辣牛肉、"功夫狮子"嫩牛肉、"功夫狮子"大刀腰片……给我一袋。

超级 IP 的打造是不是找到一个大家所熟知的认知原型就可以呢？当然并

不是这么简单。

首先，需和品牌的品类属性强关联。比如红绿灯符号这个辨识度就很广，但是如果你把它运用到与交通毫无关联的品类，比如食品加工行业、餐饮酒店行业就会觉得很怪异，而且消费者也不知道你想表达什么意思。这就会东施效颦，弄巧成拙。

其次，尽量和品牌名产生直观联想。因为品牌名称和超级 IP 最终会实现相互替代性，即看见超级 IP 就会想到对应品牌，看到品牌就会想到超级 IP，这种关联指的就是互生画面感。这方面最常见的就是电影宣传海报，比如我们刚才说的《狮王争霸》，主画面一定是舞狮的场景。

再则，鲜明的角色人设。米老鼠的形象是长着圆滚滚的大脑袋、圆滚滚的大耳朵、梨形的身体与像橡胶软管一样柔软、没有明显的关节、可以自由拉伸仿佛没有骨骼的四肢的小老鼠。因为它的人设是孩童的好奇、快乐，又有点小调皮，并不总是很守规矩或很有礼貌，偶尔还有些贪玩，有点懒散，耐性不足，冲动而急躁，丢三落四，脾气颇为火爆，甚至会有些傲慢，有时会语出伤人，但过后又懊悔不已，想尽办法弥补。它颇富正义感，好打抱不平，常常会因此而不自量力，深陷麻烦中，但又总能凭借智慧成功地摆脱麻烦，圆满地解决问题。同样精涮狮的"功夫大师"就是李连杰主演的狮王争霸。

最后，和品牌战略的关系。超级 IP 的打造核心是源于品牌战略。如果说广告语是品牌战略在听觉上的呈现，那么超级 IP 就是品牌战略在视觉上的呈现。精涮狮的品牌战略是"火锅大师菜"，重点体现大师范，所以这个 IP 的选择也必须是具备王者风范的代表。狮子就是草原霸主，草原王者。而且具体表现形式还得是精神抖擞的形象，结合中国的舞狮的习俗，所以舞狮所呈现出来的状态是最符合这种表现力的形式。

在本章的最后，再简单聊聊关于品牌商标设计，笔者团队的一些其他心得。

（1）**如果无法创意出超级 IP，那就尽量将品牌名字图形化**　即品牌中文汉字就是商标。Google、Walmart、Cocacola 等都是，而且在将中文汉字演变成图形商标的时候，一定要保留辨识度，即不要变形成大家不认识的汉字。

（2）**如果无法创意出超级 IP，那就省掉图形商标**　这就是笔者开头说的，一个商标如果用 10 ~ 20 页 PPT 来阐述你的设计思路。这样的商标不能说注定失败，至少在后期传播上花费比较大且效果不好。因为消费者是没有时间也不愿意花上十几二十分钟来听你讲商标背后的内涵。

（3）**似曾相识比好看更重要**　不要刻意去追求商标的美观性，在符合美学的前提下，让人看到商标有种似曾相识的感觉更重要。这就是我们在现实生活中经常听到的一句话，甲说，"我好像在哪里见过你"，乙回答，"可能我长了一张大众脸吧"。因为很多时候甲方的审美带有主观性，你喜欢的，你觉得好看的并不一定是广大消费者认可的。

（4）**力求简单明了**　把简单的事情复杂化不需要本事，但是将复杂的事情简单化却需要智慧，乃至大智慧。老子的《道德经》就是囊括宇宙人生的大智慧。千万别觉得花了钱，结果弄出来一个看起来特简单的商标，觉得钱花得冤枉。看小米花 200 万重新设计的商标，很多人觉得只是简单地从方形的底图更换为圆角矩形（或者说超椭圆），抛开设计者背后严密的推论不说，至少在中国，喜欢圆的比方的多。可以看到，汽车商标外围用圆的，比方的要多。

关于超级 IP 创意和商标设计就写到这里，一是我不是站在专业设计角度来讲述，而是基于承接品牌战略角度和基于销售功能出发，以避免班门弄斧之嫌，如果在这方面感兴趣想深度探讨的，可以和笔者团队创意总监交流，一个混迹广告圈 20 余载的"非知名设计师"。

第七章
预见，先发制人

前六章节为读者带来对预制菜系统化、专业化、逻辑化的认知，预制菜战场的号角已吹响。

如何预见未来？

在各级政府的支持以及资本的推动下加强企业自身实力建设的同时，与时间赛跑，采取多元化并购策略，毕竟美国的 Sysco 已经为大家指明了道路。

预见未来是否就得先发制人，趁早入局？

起得最早的，是理想主义者；跑得最快的，是骗子；胆子最大的，是冒险家；最害怕错过往里钻的，是韭菜。而最后的成功者，或许还没入场……

一 解读政策，引领方向

自 2017 年以来国家相关部门出台了一系列产业扶持政策。先后出台了《反食品浪费工作方案》《绿色食品产业"十四五"发展规划纲要》《关于促进食品工业健康发展的指导意见》《国务院办公厅关于加快发展冷链物流保障食品安全促进消费升级的意见》等政策不断推动预制菜行业的发展。

2021 年 3 月，《中华人民共和国国民经济和社会发展第十四个五年（2021—2025 年）规划和 2035 年远景目标纲要》明确提出，要大力发展绿色食品产业，支出绿色食品等重大项目建设，完善食品药品质量安全追溯体系。食品制造产业加快跃向万亿级，壮大绿色食品产业链，形成具有竞争力的万亿级产业集群。

预制菜未来就属于万亿级规模的产业集群，相信随之会有更多配套政策的出台。当下最值得关注的是关于加强冷链物流发展的规划。笔者认为其中以《"十四五"冷链物流发展规划》最为直接。该政策犹如为刚升起风帆的预制菜战舰带来一股强大的东风，借着这股东风，预制菜产业定将会乘风破浪，直挂云帆济沧海。

2021 年 12 月，国家出台了《"十四五"冷链物流发展规划》（以下简称《规划》），该规划标志着我国冷链物流的发展迈向一个新的里程碑。

冷链物流就像一座桥梁，桥的一端是农业生产，另一端为居民消费，是我国现代物流体系建设和发挥强大国内市场优势的重要领域。

特别值得注意的是，《规划》首次按照细化品类，推进冷链物流服务体系建设。明确区分肉类、水果、蔬菜、水产品、乳品、速冻食品等主要生鲜食品以及疫苗等医药产品，聚焦"6+1"品类的商品特质和生产流通过程特点。围绕提高专业化服务能力、优化特色商品供应链运行要求，精准实施分类指导，引导行业优化服务结构和提升服务水平，提高发展质量。

品类的细分对于预制菜来说，是个利好消息。在这"6+1"品类中，其中6 个品类都属于预制菜原材料、半成品或成品的范畴。也就意味着，未来预制菜在不同原料以及半成品和成品方面将有更加专业和成熟的冷链物流体系作为支撑，同时对促进预制菜食品安全也将起到极大的促进作用。

另外值得关注的是，《规划》以国务院文件印发，在肯定冷链物流在产品生产和消费产业链、供应链层面重大引领作用的同时，重点强调了冷链物流在新发展阶段构建新发展格局中的战略地位。

这主要体现在以下两方面。

一是突出了冷链物流的战略地位和作用。《规划》深刻把握冷链物流发展与国内消费、"三农"问题等的关系，从适应我国社会主要矛盾变化、乡村振兴和共同富裕要求、扩大内需和强大国内市场需要、保障食品安全和建设健康中国的高度出发，全局性、战略性谋划冷链物流发展，进一步凸显立足新发展阶段、贯彻新发展理念、构建新发展格局的新时代背景下，冷链物流对生鲜农产品生产、消费高质量适配的战略作用。

二是突出了以供给侧结构性改革为主线，优化冷链物流发展路径。《规划》从更好体现冷链物流战略地位和发挥其战略性作用出发，立足我国国情和建设现代化国家的要求，确立了优化供给、适配需求的总体路径，在冷链物流的布局、运行、服务、监管、保障等重点任务体系设计中，全面体现了降成本、提效率、优品质、强服务等政策导向，深度推进冷链物流与生鲜农产品生产、流通、消费高效组织和产业链供应链全链条融合发展。

从这两方面的指导思想可以看出，一是国家对于加快冷链物流建设的决心和信心，二是对于冷链物流建设的规划具有非常强的落地指导性。其中重点提到了"降成本、提效率、优品质、强服务"。

在本书第四章"C端预制菜稳步发展策略"中，提到麦子妈曾推出单价45元的老坛酸菜鱼（3盒打包135元）和35元的金汤酸菜鱼（3盒打包105元），虽定价远高于业内25元平均价，看似有着65%左右高毛利率，但扣除13%的增值税（普通消费品按照13%征收增值税）、超过50%的配送费以及投放成本占比，再加上人力成本及仓储费用等，利润早已荡然无存。

因为其中50%的配送费及投放成本占比中，配送费用就会占其中三成左右。虽然可以凭借京东和顺丰密集的网点，及近十年在冷链物流端的积累，轻松实现一、二线城市从下单、工厂发货到干支线配送的全流程服务。但在配送费上，也是一笔不小的开支。顺丰20元起送，京东的门槛为2千克，算上包材（冰块），两家公司的起送价格均逼近30元。"三盒装酸菜鱼，用来冷冻的冷媒（干冰、保温袋、保温箱）也得五六元。"这样计算下来配送费占售价的 30% 左右。

所以，加快冷链物流的建设对于目前预制菜企业来说，是极大的利好消息。同时从美国和日本成熟的预制菜产业发展经验来看，冷链物流的完善是推进预制菜快速发展的重要保障。

除了国家出台的相关政策，各个地方政府也出台了相关政策和文件以实际行动推动当地预制菜的发展。

广东，打响预制菜第一枪。

在推动预制菜全面发展方面，广东可谓是一路领先。近三年来，广东率先在全国通过系统化、组织化等一系列措施务实推进预制菜的发展，取得了有目共睹的成绩并为全国多地预制菜的发展提供了参考蓝本。

我们先来看看广东为推动预制菜发展，近三年都取得了哪些成绩。

（1）创建了全国第一个预制菜集采平台　推出全国首个"预制菜大卖场"，搭建预制菜品牌推广和交易服务平台，积极推动广东预制菜走出去。

（2）成立全国第一个省级预制菜产业联盟　广东率先成立全国首个广东农产品食品化工程中央厨房（预制菜）产业联盟，促成一批重点项目签约合作。

（3）举办全国第一个省级预制菜产业发展大会　2021 年 11 月 19 日，全国首场省级预制菜产业发展大会在广东吹响号角。会上发布了预制菜产业发展十条政策措施，公布了 18 项关键技术成果，推出广东十大预制菜头部企业。

（4）制定了全国第一套预制菜标准体系　该标准由中国烹饪协会、湛江国联水产开发股份有限公司、农业农村部食物与营养发展研究所及检科测试集团有限公司共同起草制定。

（5）规划建设全国第一个预制产业园　粤港澳大湾区（高要）预制菜产业园项目，总规划用地 7000 亩，一期工程已投入建设中。

（6）出台全国第一个省级预制菜产业发展支持政策　2022 年 3 月 25

日，广东省人民政府办公厅关于印发《加快推进广东预制菜产业高质量发展十条措施》的通知。"预制菜十条"具体措施包括：建设预制菜联合研发平台、构建预制菜质量安全监管规范体系、壮大预制菜产业集群、培育预制菜示范企业、培养预制菜产业人才、推动预制菜仓储冷链物流建设、拓宽预制菜品牌营销渠道、推动预制菜走向国际市场、加大财政金融保险支持力度、建设广东预制菜文化科普高地。

其中有三条措施最值得关注，分别是壮大预制菜产业集群、培育预制菜示范企业和推动预制菜仓储冷链物流建设。

在壮大预制菜产业集群方面，将打造肇庆高要预制菜产业高地、湛江水产预制菜美食之都、茂名滨海海产品预制菜产业园区、广州南沙预制菜进出口贸易区、佛山南海顺德预制菜美食国际城、潮州预制菜世界美食之都、江门全球华侨预制菜集散地及梅州、河源、惠州客家预制菜产业集聚区。

培育预制菜示范企业方面，一方面引导预制菜中小企业成为"专精特新"企业；另一方面培育广东预制菜十强百优企业，力争五年内培育一批在全国乃至全球有影响力的预制菜龙头企业和单项冠军企业。

推动预制菜仓储冷链物流建设方面。将构建以国家骨干冷链物流基地、公共型农产品冷链物流基础设施骨干网为主渠道的预制菜流通体系。

从广东省在推动预制菜发展过程中既有成效和未来政策指引来看，广州可谓是全方位、多维度、系统化、规模化切实落实预制菜的大力发展。有了适宜预制菜发展的良好土壤，或许在不久的将来，广东预制菜将闪耀全国。

继广东之后，山东欲打造万亿预制菜全产业链，抢占预制菜高地。

山东的底气源于两方面：一是山东省拥有预制菜相关企业达 8,100 家左右，是全国预制菜企业最多的省份，占全国 12%左右；二是山东作为农业大省，拥有丰富的农产品资源优势。

2022 年 11 月 16 日，山东省人民政府办公厅印发了《关于推进全省预制菜产业高质量发展的意见》，一共有十六条具体内容（简称十六条）。从山东省的这份发展意见中，我们可以看出更具务实和落地性，一起来看看吧。

第二条，关于培育壮大预制菜加工企业。支持大型企业集团牵头建设预制菜产业示范园区（基地），建立完善智能化设计研发、生产加工、冷藏仓储、分拣配送体系，打造一批预制菜"领航型"龙头企业。强化优质中小企业培育，提高市场竞争力，逐步成为"专精特新""小巨人""单项冠军"企业。支持符合条件的预制菜企业上市挂牌融资、发行债券，对在境内外资本市场上市挂牌的企业，给予最高 200 万元的一次性奖补。到 2025 年，培育 10 家以上百亿级预制菜领军企业，形成优质企业梯度培育格局。

第十二条，开展关键共性技术及装备研发。聚焦海洋渔业、畜禽等预制菜重点领域，强化产学研合作，集中突破原料质量控制、新产品开发、绿色加工、物流保鲜、全程品控等全链条新型实用技术，推动关键技术集成应用、科技成果转移转化。扶持预制菜加工装备研发机构和生产创制企业，加快研发推广一批信息化、智能化、工程化预制菜加工装备。对符合条件的预制菜产业技改项目等，按银行最新一期贷款市场报价利率（LPR）的 35%，给予单个企业最高不超过 2,000 万元贴息支持。

第十四条，强化财政扶持。统筹涉农资金，推动优势特色产业集群、现代农业产业园、产业强镇等产业融合项目资金和现代农业强县、农产品加工业（畜牧业）高质量发展先行县等激励政策，向预制菜产业重点县倾斜。发挥省新旧动能转换基金作用，撬动金融和社会资本投资预制菜产业。各级财政要因地制宜将预制菜产业纳入本级财政支持范围，在不形成地方政府隐性债务前提下，利用地方政府专项债券政策，支持企业建设预制菜产业项目。对工商资本年实际新增投资 1 亿元以上的预制菜项目，由省市县财政联动按实际新增投资额的 1%给予奖补。

第十五条，创新要素保障。对新上的总投资超 5,000 万元、投资强度超

300 万元/亩的预制菜项目，纳入省市重点项目，保障预制菜企业合理用地需求。落实农产品加工、冷链储运、销售等税费优惠政策，支持预制菜企业发展。建立预制菜产业项目库，优化金融服务机制，量身定做预制菜产业金融支持方案。支持银行机构开发金融产品，加大对预制菜行业企业的信贷资源投入。鼓励保险机构针对预制菜产业开发专项保险产品，提升企业抗风险能力。

另外山东省人民政府办公厅还印发了《2022 年"稳中求进"高质量发展政策清单（第三批）》的通知。通知中支持预制菜企业在电商平台新设网上店铺，对 2022 年前三季度新设店铺网络零售额 50 万元以上且排名前 20 位的企业，省级财政给予每家 5 万元奖励。举办预制菜美食专享周活动，发放预制菜网上消费"满减券""折扣券"，省级财政安排 500 万元专项资金予以补助。

从支持预制菜企业上市，并提供奖补；给予 2,000 万以内的贴息补贴；满足用地需求及提供金融支持，再到给予开通线上销售预制菜企业奖励等系列措施中可以看出，山东省对全面促进预制菜的发展已经势在必行。

除了广东和山东外，还有重庆的梁平区也提出了打造中国（西部）预制菜之都，而且也出台了具有吸引力的政策。《梁平区支持预制菜产业高质量发展激励措施（试行）》正式印发，具体措施一共十条，对于入驻该区的预制菜企业来说每一条都显得诚意满满。

（1）支持研发平台建设，最高奖励 200 万　全国高等院校、科研院所及行业协会与企业在梁新建获批的研发平台，对新认定的市级法人化新型高端研发机构、新型研发机构，分别一次性后补助 100 万元、30 万元。对新认定的预制菜产业国家级、市级企业技术中心、重点实验室、工程研究中心、技术创新中心、产业技术创新研究院，分别给予 200 万元、50 万元的奖励。加强预制菜产业知识产权保护力度，对获得高价值专利（组合）给予 5 万元奖励。

（2）支持标准化建设，最高奖励 100 万　对首次承担全国标准化技术委员会、分技术委员会（工作组）秘书处单位的企业，分别给予一次性奖励资金

100 万元、50 万元。对主导制定的预制菜产业国际标准、国家标准、行业标准、地方标准，每项分别给予一次性奖励资金 50 万元、30 万元、20 万元、10 万元。

（3）支持新建（改扩建）项目，最高补贴 500 万　预制菜产业新购地建设项目采取预先服务和绿色通道方式，提高项目开工建设效率。租赁预制菜产业园标准厂房的预制菜项目，经济贡献度分别达到 100 元/（年·平方米）、70 元/（年·平方米）、40 元/（年·平方米），分别免前三年、二年、一年厂房租金。预制菜生产项目新购设施设备，按照 10% 的标准给予产业发展资金支持，单户总金额不超过 500 万元。预制菜产业园外预制菜企业整体转移至梁平预制菜产业园内，以实际产生的搬迁费用给予一次性产业发展资金支持，总金额不超过 50 万元。

（4）支持生产性基础设施配套，相关费用减免 50%　规划建设预制菜产业园，配套完善检验检测中心、食品辐照中心、污水处理等基础设施。政府主导建设检验检测中心，对园区内的预制菜企业检验检测费用按标准收费减免50%；对园区内的预制菜企业使用辐照服务按标准收费减免 50%；对园区内预制菜企业工业污水处置按标准收费减免 50%。支持企业、行业建设预制菜全产业链各个环节的检验检测平台，采取"一事一议"方式进行扶持。

（5）支持高标准建设优质原材料基地，最高补助 50 万/户　大力支持新型农业经营主体与预制菜企业建立供需合作关系，对于本地签订合作关系的新型农业经营主体，参照当年实际销售额的 1%～3% 给予补助，单户不超过 50 万元，用于支持原材料基地扩大再生产。

（6）支持仓储冷链物流建设，最高奖励 100 万元　对在区内注册且首次获评或通过复核的国家五星级（以及全国百强）、四星级和三星级冷链物流企业，分别给予 100 万元、80 万元和 50 万元的一次性奖励。对预制菜企业、冷链物流企业新购置符合政策要求的冷藏、冷冻运输车辆，每台车按裸车价 20%

给予补贴，最高不超过 5 万元。对于预制菜企业新建（改造）冷冻冷藏库、购置终端冷藏设备，总投资额 1,000 万元以上的，采取"一事一议"方式进行奖励。

（7）支持企业（或组织）品牌建设，最高奖励 100 万元　对预制菜企业新获得中国质量奖、中国质量奖提名奖、重庆市市长质量管理奖、重庆市市长质量管理奖提名奖的，分别一次性奖励 100 万元、80 万元、50 万元、30 万元（在同一申报年度内，同一企业获得多次奖励的只享受最高奖励）。预制菜产品新获得中国驰名商标、有机农产品、重庆名牌农产品、绿色食品，分别一次性奖励 50 万元、15 万元、5 万元、3 万元。

（8）支持拓展营销市场，最高补助 50 万元　鼓励预制菜企业参加国际和全国性预制菜展会，对参加相关展会的给予展位费补助，最多不超过 50 万元。支持在区内注册运营的企业通过线上营销、跨境电商运营扩大销售规模，当年预制菜产品销售额达到 1 亿元以上，按照"一事一议"的方式给予产业资金补助。

（9）支持要素保障，设立 10 亿元发展基金　凡入驻预制菜产业园的生产企业，水、电、气收费价格参照渝东北区域最低收费标准给予优惠。设立总规模 10 亿元的预制菜产业发展引导基金，专项用于支持预制菜企业投资发展。区级国有企业可参股预制菜产业头部企业，支持企业扩大再生产，助推企业挂牌上市。

（10）支持人才引育，最高奖励 200 万元研究经费　对通过区内预制菜企业申报入选的国家海外高层次人才引进计划人选，资助每个团队 200 万元研究经费；对通过区内预制菜企业申报入选的国家级、市级高层次人才特殊支持计划人选，分别资助每个团队 100 万元和 50 万元的研究经费。对获得国家、市级认定的预制菜产业院士工作站、博士后科研流动站、博士后科研工作站、博士后创新实践基地，采取"一事一议"方式进行扶持。预制菜企业引进符合高层次人才的相关优惠政策，参照《重庆市梁平区引进高层次人才若干优惠政策规定（试行）》执行，给予住房、生活物资等支持。鼓励职业院校、技能培训学校增设预制菜相关专业课程，享受培训相关政策补贴，支撑预制菜"产学研"基地建设。

除了上述几个地方政府外，全国还有很多很多省市县级政府也相继出台了关于发展预制菜的系列举措。

对此，发表一下笔者对于地方政府预制菜热的简单看法。

整体观点：冷静思考，三思而后行。千万别为了"赶时髦"，最终落得一地鸡毛。对于是否上马预制菜项目，提供以下几点建议仅供参考。

（1）**当地是否有丰富的农业、畜牧业、水产等资源**　如果不具备这方面的得天独厚的资源优势，未来也很难做大做强，毕竟有老话"靠山吃山靠水吃水"。

（2）**当地是否已具备预制菜的基因**　广东率先吹响预制菜号角，是因为广东已具备预制菜的土壤，有成功的预制菜的标杆企业。可以理解为，"星星之火，可以燎原"。

（3）**当地是否有规模性的餐饮集群**　梁平用真金白银打造中国（西部）预制菜之都，是因为重庆已形成火锅、小面、烤鱼产业集群。有句话是这么说的：近水楼台先得月。

（4）**当地是否具备良好的港口优势**　比如上海港，作为中国最大的港口，集装箱吞吐量连续 7 年世界第一。毕竟在牛肉资源方面，国内还是比较依赖于进口。这就好比"天时不如地利"。

（5）**是否对预制菜有足够的认知**　预制菜未来一定会火，但是这个过程并不是一帆风顺。因为目前国内预制菜还是属于摸索阶段，这就需要从地方政府到企业对预制菜有足够的认知。这个阶段更需要"天时不如地利，地利不如人和"的高度共识。

（6）是否有足够的诚意和财政实力 政府只是规划和引领产业的发展，真正做事的是企业。想要切实发展预制菜产业，就需要地方政府拿出十足的诚意。这个诚意不单单是停留在口头的承诺，而是要让企业看到政府的务实态度。而体现政府务实态度的，除了相关的政策支持，最直接的就是资金支持。否则，"巧妇难为无米之炊"。

如果按照这个标准，国内至少有两个大省符合上述六条建议中的多条标准，成为预制菜产业大省。

先说河南省。

河南除了有 6,000 余家预制菜企业排全国第二外，在食品加工方面也有一众巨无霸企业，比如：双汇、思念、三全、白象等；另外还拥有生猪养殖和屠宰优势，双汇、牧原股份、伊赛牛肉等，并且思念的千味央厨已经打版上市预制菜。

"天时地利"占尽的河南，除了看到原阳凭一县之力在推进预制菜的发展外，并未见省一级政府有相关动作，着实让人费解。

再说四川省。

虽说四川在预制菜起步方面没有先发优势，但在笔者眼里却有厚积薄发的可能。

首先，四川的餐饮业极具规模和产业优势。坐拥八大菜系之一的川菜优势，再加上近几年川味火锅全国攻城略地，以及不断闪耀小吃赛道的乐山小吃……所以，我们看到当下预制菜大单品里的酸菜鱼、小酥肉、梅菜扣肉其实都源于川菜里的一道菜。但奈何背靠"川味"心不动，任凭花落隔壁老王家。

其次，还具备调味品产业优势。"酸菜，比鱼好"，那是因为酸菜来自泡菜之都的四川眉山。除了眉山的泡菜，郫都的豆瓣，还有擅长调味的上市企业天味食品。绝大多数预制菜都离不开好的调味技术和调味品。虽身怀"舞动舌尖"的技能，却沉迷于"接着奏乐，接着舞"而不思蜀。

再则，四川作为全国畜牧业排名第一的大省，2021 年畜牧业产值高达 3,300 亿。美好小酥肉之所以能够成为预制菜的翘楚，其中一个原因就是依托其背后的产业链优势。何不"小猪佩奇身上纹，掌声送给川蜀人"？

未来，我国预制菜亦将形成三足鼎立之势。广东与山东，皆因有东，正东山崛起。

果不其然，在笔者校稿时，餐宝典于 2022 年 12 月 27 日发布《2022 中国预制菜产业指数省份排行榜》显示，广东以 80.39 位居第一，山东 78.74 位居第二，与排名第三的江苏（59.86）拉开 20 多分，而河南和四川则分列第五和第八位。

三足，已有二。另一足，或许将是"蜀魏"之争。

随着越来越多的地方政府大力发展预制菜，大家都想占领"预制菜之都"这个头衔。其实这个问题或许可以上升到城市战略这个问题来解决。

二 拥抱资本，快速发力

红餐大数据显示，2021 年至 2022 上半年预制菜领域共计发生 40 余起融资项目。其中单轮融资金额最高的是舌尖英雄，为 16 亿。此期间还诞生了首个上市公司味知香，其在 2021 年 4 月 A 股挂牌上市，成为"专业预制菜第一股"。

如果按照文章开头部分定义的预制菜，其实真正属于预制菜的上市企业并不多。除了味知香，还有盖世食品、千味央厨，像安井食品、国联水产这类的上市企业，只是部分业务涉及预制菜而已。

所以，目前整个预制菜赛道涌入了近 7 万家的选手，除去文章中说到的 5 类主要玩家，这里面还有相当大一部分则是刚入场或新晋选手，姑且把他们统称为"小六子"吧。

　　说到资本的玩法，相信前面 5 类玩家不仅相当了解，而且大多数或许都已有"意中人"。他们已是步入"清北"的佼佼者，所以本部分内容涉及关于资本板块的内容，可以自行略过，此主要是为还在接受九年制义务教育的"小六子"们，普及一下关于资本的入门知识，待有朝一日有人抛来橄榄枝，也能从容应对。

　　本部分内容主要聚焦以下几个问题：

　　1. 风险投资为什么投你？

　　2. 融资的最佳时机？

　　3. 到底需不需要融资？

　　我们经常听到这样的案例，某某品牌又融到多少钱。大家有没有想过，风险投资为什么会投你？

　　是被你情怀打动？还是因为你的团队很优秀？抑或你现在从事的行业正处于黄金赛道？

　　这些是投资人所关注的点，但不是他投你的本质逻辑。笔者作为一家品牌战略咨询机构的创始人，同时也是一家基金管理公司的高级合伙人，先说第一个问题，资本为什么投你？

❶ 投资人为什么投你？

　　投资人投你的本质原因，就俩字：赚钱！

　　不管他问了你多少问题，在他心里始终都是围绕能不能赚钱在思考。而且在他心里有一个衡量的公式，那就是：赚钱=业务天花板×成功概率。

　　赚钱=业务天花板×成功概率，这个公式换成通俗易懂的说法就是：你准备融资的项目能做多大规模，以及做到你所说的规模的靠谱系数又是多少？

　　那么他又是如何去衡量，你口中所说的项目未来能做到多大规模呢？这里主要取决于两个指标，那就是你所处行业的规模和行业集中度。

作为预制菜的"小六子们"一看行业规模这个维度，可能已经乐开花了。为什么呢？因为当下就有 3,000 亿的规模，未来更是万亿级大市场。如果你这样跟投资人说，只能让投资人觉得你非常不懂市场。

为什么？3,000 亿规模这个饼，你能一口吞下？说通俗易懂一点就是，你从哪里下口？

投资者一般会问，你准备聚焦预制菜 B 端市场还是 C 端？如果是 B 端，那么你又准备从哪个细分市场切入？这个细分市场有多大的规模等一系列问题。

如果没有做好足够的准备，这几个问题就足以把你问蒙。接着关于业务天花板的第二个问题又来了，那就是行业集中度。

行业集中度，也就是说有多少你的同行在这个赛道和你一起抢饭吃？如果很多，那么有没有属于你的核心竞争力（投资者一般会说行业壁垒）？如果有，那就请亮剑！

因为这背后的逻辑是，假如你的细分市场足够大，如果还具备核心竞争力（行业壁垒），理论上你获取市场份额的占比也会更大。

核心竞争力（行业壁垒）这个话题是投资人非常看重的一个点，但是往往很多融资人对这个问题都讲不明白，甚至列举出来的种种，可能都不是。这里面所说的很多人，不单指"小六子们"，甚至有可能包括那"五类玩家"。

但有两种人可能对这个问题的回答，会让投资人比较满意。

一种是，经过专业机构辅导过的人。另一种，就是做过品牌战略定位的。

为什么这样说？

因为投资人所提到的细分市场，也就品牌战略里面的品类分化和品类聚焦。我们在第六章讲品牌战略里以精涮狮为案例讲到过的品类分化，精涮狮从预制菜大品类里分化出大师预制菜这个品类，并将客户聚焦为火锅腰部品牌。

懂了品类分化是不是就很容易回答投资人问的细分市场问题了。

　　同样，有了明确的品牌战略也就能回答投资人提出的行业壁垒问题了。还是以精涮狮为例，从预制菜分化出大师预制菜这个品类，目前这个赛道还有没有同台竞技者。就像当初的王老吉，从饮料里分化出凉茶这个品类并独占一个道理。即使后面有跟随者进入这个品类，对他来说也不见得是坏事，一是跟随者的进入会不断壮大这个品类，二是因为王老吉在品牌战略制定时已经占位了这个品类的认知，跟随者的进入也只会加深顾客对王老吉是凉茶第一品牌的认知。

　　了解完业务天花板的计算逻辑，我们再来说说成功概率问题。

　　成功概率在投资人眼里，也是由两方面关键因素构成，那就是为什么现在做和为什么是你去做。

　　为什么是现在做？意思就是说为什么选择这个时间点？投资人一般会问，行业发生了什么重大要素的变化？还是你的商业模式具备颠覆性的创新？

　　诸如此类的话题，其实也是在制定品牌战略的时候就已经帮你解决了的问题。

　　举两个例子：苹果和特斯拉。苹果为什么会成功？因为洞察到消费者不再钟情于键盘手机这种非人性化的操作方式，所以将自己定位为智能手机的开创者。特斯拉的品牌定位是电动汽车，因为该定位符合越来越多精英阶层人士对于智能驾驶和环保的迫切需求，这就是特斯拉成功的原因。

　　苹果等于智能手机，同样，特斯拉等于电动汽车。所以，按照我们之前所说成功的品牌战略就是让品牌和品类画上等号。

　　至于投资人问的，为什么是你去做？其实就是考验以你为核心的团队是否具备取得成功的能力。这里面包括，你和你的团队核心成员曾经从业背景和取得过哪些项目成功的印证。其实，笔者认为最核心的一点是，团队领军人物是否具备战略的眼光。

　　做个简短的小结，投资人投资的目的非常简单，就是为了赚钱。在他的赚钱公式里面，会问到你的问题，其实都是可以通过正确的品牌战略制定来解答。不是说大多数投资人都懂品牌战略，而是他们无形之中把自己当作一个消费者在看待你的项目。

因为在笔者看来，他投资的目的是想通过你赚钱，而你只有搞定消费者才能赚钱。这也是为什么像文中提到的冯卫东老师从接触特劳特的定位理论就如获珍宝的原因，因为通过对定位理论的熟练掌握，能大大提高其投资的成功概率。

② 融资的最佳时机

根据企查查统计，2013 年—2021 年间，预制菜赛道共发生 70 余起投融资事件。然而仅 2021 年发生的融资事件就多达 23 起，是这 8 年时间平均值的近 3 倍。到了 2022 年，预制菜融资事件依旧火热，味知香的上市犹如一支兴奋剂，让越来越多的资本对预制菜充满了兴趣。

那么什么时候才是融资的最佳时机呢？下面就给大家全面剖析一下关于融资周期的话题。

决定融资周期有三大要素：行业周期、企业周期和资本周期。

什么是行业最佳周期，网络上有个段子"风来了，猪都会飞"说的其实就是这个意思。因为任何一个行业都会经历从兴起到快速发展走向成熟，直至逐步衰退的过程。

资本一般会在行业刚兴起和快速发展这两个阶段大量涌入，而到了行业成熟期资本一般就不再抱有那么浓厚的兴趣了。

这个道理其实非常简单。一是大家经常所说的买涨不买跌，不管赚不赚钱只要大多数人对这个行业充满信心就行。因为有时候信心比客观事实更重要，相信刚经历完三年疫情的我们深有感触。第二个原因，资本投你的目的是通过你帮他赚钱，但是并不是靠你给他的分红赚钱，再说直白点，很少有资本愿意做你真正的股东。所以，他们投你的目的，就是趁行业在风口的时候，快速养大、养肥，然后出手给下一个买家。

有的行业周期非常的短，比如共享单车、共享充电宝，对于这种快起快落的行业就需要把握住最佳时期的风口，否则到那时就算"傻傻等待，他也不会回来"，当你再想融资为时已晚。

那我们就来聊聊预制菜融资的最佳周期这件事。

因为 2021 年和 2022 年这两年预制菜融资频发，加上国内疫情的全面放开，或许很多人会说 2023 年将会继续高光时刻，事实真会这样？

不可否认，近几年预制菜确实很火。一是疫情原因使然，二是不排除资本游戏追逐的可能性。

恰是这两个原因火起来的预制菜，火得有点猝不及防，火得有点虚。

所以未来 2 ~ 3 年，是不是预制菜融资的最好时机呢？笔者个人是这样认为的。

资本会继续对预制菜产业保持高度的关注和较强的信心，但是在具体投资方面会变得相对理性和谨慎。但对于商业模式完善、具备核心竞争力的预制菜品牌仍会保持足够热情。

从国外预制菜发展历程来看，国内预制菜在未来相当长一段时间仍处于发展阶段。就像一场马拉松，大家都还刚跑了 5 千米的热身赛。所以，对于在这个赛道的参与者来说，融资的机会还是很大。

讲完行业周期，接下来我们来看看企业周期。

对于企业来说，融资的最好时机是业务上升期。就是当你的业务模式已经跑通，已经进入增长快速通道的时候，赶紧融资。因为这时候资本对你的信心比较足，而且当你拿到融资后也能迅速地把销售规模再做一个突破，对于投你的资本也能很好交差。

关于企业周期，这个比较简单就不过多阐述了。

我们接着讲第三个周期，资本周期。

一般情况来讲，资本市场通常 3~4 年经历一个周期。在牛市的时候资本市场通常比较活跃，反之在熊市的时候资本也比较冷静。所以在资本周期内融资对你融资成功的概率以及估值都会比较高。

当企业有融资的想法后，可以定期地和行业资深的 FA 和投资人时刻保持联系，通过他们来了解资本行业的温感。

最后，如何综合评估这三个周期？

理论上是其中有两个周期对你来说都属于上行的时候，只要另外一个不要太差，此时就可以考虑融资这个事情。

3 到底需不需要融资

到底需不需要融资？融资是一个非常专业且系统的工程。

大家认为融资的目的是什么？

笔者认为根本目的只有一个，把企业做大做强。基于这个目的，所以你需要的不仅仅是钱，还有资源。

钱对于你的目的是从做大到做强，从残酷的竞争中胜出，最后上市。

所以，在拿钱之前你得有一条清晰的发展路径。

这个路径想要清晰，首要条件是你的单元业务模型已经被验证成功且具备可复制性。

如何理解这句话，以我们自身的身体来举个例子。当我们人体没遭受外来病毒入侵或者基因没有发生突变，此时你的细胞是正常的良性细胞，所以就按照既定程序通过细胞不断地分裂，我们就能从婴儿成长为青壮年。一旦基因突变为癌细胞，癌细胞也会分裂并不断侵占我们人体正常细胞的生存空间，最终可能让我们失去生命。

所以投资人给你投钱，是希望你是良性细胞的，然后给足你营养，让你在成长过程中超越同龄人的生长速度。而不是拿钱给你去分裂癌细胞，或者让你拿钱去看医生和癌症做斗争。

企业的做大做强，不仅仅需要钱，还需要资源。

一般正常情况下，投资机构都会有自我擅长的投资领域，并且在该领域积累了较为丰富的成功经验。这就是发展过程中必不可少的重大资源，这些资源包括但不限于：

（1）**帮你优化战略**　一般来说投资机构虽不是专业的战略咨询机构，但是他们经常站在比较客观的角度和市场角度看问题，同时对行业也很了解，所以也能帮助企业做战略的优化。

（2）**提升企业管理**　作为投资方，尤其是天使投资人，常常是行业中的大佬或成功的前创业者。他们具备挑选项目的眼光，自然也有培植项目的能力。他们除了能为企业带来战略的优化，对于公司的管理、团队的建设也有着深刻的认知。

（3）**获得背书**　如果一个有名的机构或者投资人投了你的项目，这说明你的项目获得了一个名人的认可。只要投资人愿意透露这起融资消息，你就获得了一个闪亮的宣传点。即便投资人不愿公开披露信息，在小范围的交谈中你仍然可以拿出资方的名号作为强有力的保障。

（4）**推动下一轮融资**　任何一个行业都有属于自己的一个圈子，所以当这轮投你的投资人会帮你推动下一轮融资，同时也会帮你就估值问题做一个全面把控。

关于融资，做个简单的总结。

融资是一个系统且复杂的工程，在本书里也只是做了简单、片面地介绍，目的是让读者明白几个重要的观点，投资人投你只有一个目的，就是为了赚钱。而你想要拿到钱，不是靠你的运气，而是对于项目能否做大做强的逻辑是否清晰，这个逻辑的基础就是战略原点是否清晰。

三 时间赛跑，并购策略

在预制菜没兴起前，在中国就有这么一种说法，"没有一家供应链企业不想成为 Sysco"。当预制菜如火如荼行进时，这句话则变成了"没有一家预制菜企业不想成为 Sysco"。

2022 年 12 月 28 日，在红餐网主办的"2022 中国餐饮品牌力峰会"上，预制菜自然是热门话题。会上多位嘉宾在为国内预制菜建言献策的同时，多次提到中国预制菜的 Sysco 之路。

笔者在本书第二章"遥遥领先的国外预制菜"里，就对 Sysco 做了一个全面的剖析，分析了取得成功的几大要素。提到其中一个很重要的原因，那就是依靠并购实现快速扩张。

为了让读者更直观以及加深印象，在此笔者以 Sysco 销售规模作为主线，再来回顾一下背后的并购之路。

（1）1969 年成立，销售规模 1.15 亿美元 1969 年，Sysco 创始人 John F.Baugh 和其他八个农业大州的小型食品供应商合并成立了 Sysco,成立当年，Sysco 总销售额就达到了 1.15 亿美元。

（2）1979 年，销售规模突破 10 亿美元 仅仅 10 年后，销售额增长了近 10 倍，因为 Sysco 在成立的第二年即 1970 年就开启了并购之路。这个阶段 Sysco 主要收购小规模、区域性食品分销公司，为其今后实现全国范围内的统一服务做出准备。

1970 年，Sysco 并购了以主业为婴儿食品和果汁的配送公司 Arrow Food Distributor；1976 年，为规避经济周期，公司收购了从事冻肉、家禽、海鲜、果蔬等生活必需品的 Mid-Central Fish and Frozen Foods Inc.，为其增加了不少农产品品类，至此 Sysco 的全国分销能力大大提高。

（3）1989 年，销售规模接近 70 亿美元 又过了 10 年，销售规模直逼

70 亿，是第二名销售额的 2 倍还多，已占据全美生鲜供应链 8% 市场份额。该阶段 Sysco 开启了高速并购模式，共完成 43 次并购。

1984 年，并购 PYA Monarch 旗下的三个公司，以扩大冻品配送业务；1988 年，Sysco 以 7.5 亿美金收购了当时全美第三大食品配送商 CFS Continental。据相关数据统计，截至 20 世纪 80 年代末，Sysco 已基本实现全美范围的布局，销售额达 68.5 亿美元，占市场份额的 8%。

（4）2012 年，销售规模突破 400 亿 又过了 20 年有余，Sysco 成为名副其实的行业巨头，在美国预制菜市场"一骑绝尘"。这 20 年 Sysco 将并购对象瞄准了更大规模的企业，并购业务也由美国走向全球。

1990 年，Sysco 并购了俄克拉荷马州的 Scrivner Inc.，开始为大型连锁零售市场提供配送服务；1999 年，开始收购上游肉类企业，如做熟牛排的 Newport Meat 和做定制化精细化分割的 Buckhead Beef Company。Sysco 这个阶段完成上下游产业的布局，弥补了自身在原材料及销售渠道的短板，为开启全球化进程做足了准备。

进入 21 世纪，美国餐饮业海外市场扩张进程加快，Sysco 也瞄准了全球化市场。2002 年，并购了加拿大 SERCA Food services；2003 年，收购北美最大的亚洲食物分销商 Asian Foods，专攻亚洲餐厅和亚洲食材；2004 年，收购了为中南美洲、加勒比海、欧洲、亚洲和中东快餐连锁提供配送的国际食品集团公司；2009 年，收购爱尔兰最大的食品分销商 Pallas foods；

2016 年，为快速打入欧洲市场，Sysco 以 31 亿美元收购了拥有自营品牌超 4,000 个，供应超 5 万个产品的英国同行巨头 Brakes Group；2018 年底收购夏威夷的 Doerle Food Service 和英国的 Kent Frozen Foods；2019 年收购年销售额高达 4,000 万美元的食品分销商 Waugh Foods Inc.。

据相关数据统计显示，截至 2018 年 Sysco 已累计并购 198 家公司。

到了 2021 年 Sysco 销售规模为 513 亿美元。成为全美最大的预制菜企

业，占据了 16%市场规模。

通过并购成为行业巨头，在其他行业也时有发生。

国际工程承包巨头，西班牙 ACS 集团的成功之路。

ACS 集团从一家濒临破产的西班牙本土建筑公司发展成为如今的国际工程承包巨头，实现了以建筑业为基础的多元化发展。截至 2020 年，ACS 集团已连续 8 年称霸 ENR 国际承包商排名的榜首。2020 年 ACS 集团实现营业收入 279.6 亿欧元，净利润 5.7 亿欧元，在全球近 60 个国家开展业务，拥有员工 17.95 万人。

ACS 的成功之路，其实就是一部典型的并购史。在 ACS 不到四十年的发展时间里，共发生了接近 30 起并购行为。

并购究竟有多大的威力，甚至有的行业第一和第二都是通过并购实现。

在 20 世纪 80 年代以前，汉高公司在胶黏剂领域并不怎么知名。1995 年，汉高公司并购了德国 Teroson（泰罗松）公司，1997 年并购美国 Loctite（乐泰）公司，从此取得了工程胶黏剂、密封剂方面的国际业务，从而使汉高成为世界最大的胶黏剂产品制造商。2008 年，汉高又将美国国民淀粉公司的胶黏剂业务收入囊中，从此，汉高在胶黏剂领域远远地将竞争者甩在身后，牢牢占据全球第一的位置。

看到汉高的成功，美国 H.B.Fuller（富乐）公司也加速了并购历程。2011 年，H.B.Fuller 并购瑞士 Forbo（福尔波）公司，消灭一个强有力的竞争对手。2014 年 6 月，H.B.Fuller 与北京天山公司签订并购协议，其目的是开拓新的市场，进入工程胶黏剂领域。2016 年，H.B.Fuller 并购美国 Cyberbond 公司，2017 年又并购美国 Royal 胶黏剂和密封剂公司，进一步加强了其工程胶黏剂的地位。通过一系列收购，H.B.Fuller 已成为位居全球第二的胶黏剂企业。

从 Sysco、ACS 到汉高和富乐的并购案例中，我们不难发现并购的核心目的只有一个，那就是使自己变得更大，最终成为所在行业的龙头。

大，在自然界，意味着拥有更多生存优势。

河马是陆地上体型第三大的动物，成年河马几乎不把冷血残酷的鳄鱼放在眼里。然而就是这样的水中霸主，在面对比自己体型更大的非洲大象时也会忌惮三分。有摄像师拍摄到这样的画面，有一只成年非洲象准备跨过一条已经没有多少水的河流，里面挤满了密密麻麻的河马。当河马看到大象走过来时，还是极不情愿地挪动着肥胖的身子，给大象让出了一条宽敞的路。

大，在体育竞技，意味着绝对优势。

在体育竞技比赛中，为什么拳击比赛会以体重来划分不同等级的对抗赛。试想如果将一个体重为 60 公斤的选手和 80 公斤的对手打一场比赛，结局必然是 60 公斤的选手被击倒。

所以，当你足够大，路自然就宽了。

把规模做大，是并购的终极目的。那么在并购过程中，如何来实现呢？大概可以通过以下几种策略来实现。

路径一：渠道策略。Sysco 的并购策略，会发现无论是横向或者是纵向的产业并购，最终的目的均是丰富 Sysco 的渠道出口。

比如，收购北美最大的亚洲食物分销商 Asian Food，是为了打通亚洲餐厅业务；收购了爱尔兰最大的食物分销商 Pallas Foods 和英国同行巨头 Brakes，是为了迅速进入欧洲市场。

路径二：产能策略。如果你手里恰好有一爆品，这时候最好的方式就是实施并购，而不是通过新建厂房来扩产。因为新建厂房需要一个周期，在这个周期就会有很多跟随者涌入。这就好比和时间赛跑，早一天投产，就能先竞争对手一步抢夺有限的市场。

路径三：资源策略。企业通过并购还可以获得被并购企业的特定资源和能力，以弥补自身能力的缺失或不足，或者为了整合双方的能力而获得新的能力。

国联水产曾就用 1500 万美金收购美国贸易公司 SSC，以 SSC 为中介进军美国市场，同时也便于在海外市场采购原料，进一步掌握水产品上游资源。

同样安井食品为了获取上游资源，就发起两次并购业务。以 7.17 亿元收购新宏业食品 71% 的股权，和收购新柳伍食品 70% 股权，都是为了布局上游原料淡水鱼糜产业及速冻调味小龙虾菜肴制品。

路径四：成本策略。通过协同效应，降低成本。协同效应，简单地说，就是"1+1>2"的效应。这种使公司整体效益大于各个独立组成部分总和的效应，也被表述为"2+2=5"。

比如 Sysco 并购其他企业后，采取统一管理财务、采购等后台操作，通过输出标准化的管理方式降低管理成本。同时，通过整合渠道获得大量的采购订单，然后采取中央直采的方式，统一对客户的需求量进行预测和采购，在同一运达各个地区运营公司，再送达客户。规模化的集采与配送进一步放大了 Sysco 的利润空间，这也意味着有更大空间对竞争对手进行价格，以此获得更大的市场份额，这又进一步放大了品牌价值，从而形成了一个积极的正向循环。

路径五：竞争策略。有句话是这样说的"除了杀父夺妻之仇，其他都可以用利益化解"。所以并购对于化解竞争有两大好处，一是直接将竞争对手给并购了，二是当你足够强大了，自然你面对的竞争风险就变小了。

1988 年，Sysco 以 7.5 亿美金收购了当时全美第三大食品配送商 CFS Continental。2016 年，Sysco 以 31 亿美元收购了拥有自营品牌超 4,000 个，供应超 5 万个产品的英国同行巨头 Brakes Group。

当时如果 CFS Continental 没被收购，极有可能成长为美国本土最大竞争对手。同样 Brakes Group 如果没被收购，Sysco 进入英国乃至欧洲市场都会遭遇劲敌的阻击。

路径六：时间策略。商业竞争，讲究的是速度和时机，先人一步，往往可以占据获胜的先机。就是武侠世界里所说的"天下功夫，唯快不破"。

我们经常发现一旦某个企业推出一款新品赢得市场认可后，就会建新厂用以扩产能。但是在你建工厂的同时，有着敏锐嗅觉的其他商家立马会竞相跟随。但是市场容量毕竟有限，这就要求先发制人，迅速抢占市场。和新建工厂相比，并购不失为一个迅速扩大产能的好方法。

在预制菜大爆发的这两年，国内预制菜行业除了安井食品外似乎没有更多的并购事件见诸报端。难道是这些企业不懂并购吗？肯定不是！那又是什么原因呢？

笔者在本书开头的第一章关于"我国预制菜现状"里提到，目前中国预制菜，可以用"热、散、大、新"四个字来概括。

正因为预制菜市场有着巨大规模大以及最近两年呈现出来的预制菜热，所以谁都想趁机分一杯羹，就造成了当下预制菜入局者的散和新。

笔者在文章中也曾提到，当下国内预制菜非常像《三国演义》里所描写的那样，各路诸侯割据一方，谁也不服谁，皆为那"传国玉玺"。为此，各路诸侯年年混战。只可惜在这个时期，谁得到"传国玉玺"，谁就会一命呜呼。先后得此物的孙坚、袁术相继命归西天。

自此以后，曹操并购张秀并在官渡之战大败袁绍，奠定北方基础，也为日后三足鼎立建立根基。只可惜，曹操不顾兵家大忌，败于赤壁之战。而刘备正是借助赤壁之战后，并购了富饶的益州，才真正具备三足鼎立实力；而孙权凭借父兄打下的丰厚家底及从刘备手中抢回荆州，在日后三足鼎立中实力大增。

这就是，笔者认为当下国内预制菜不可能出现大规模的并购原因。

但是笔者坚信，未来国内预制菜一定会形成三足鼎立之势，届时将会出现大规模的并购事件。

我们在本章开始提到，我国预制菜从地方政府布局来看已有三足鼎立之势。广东与山东，正在迅速崛起。三足，已有二。另一足，或许将是"蜀魏"之争。

在此，我们也来预估一下预制菜企业的三足鼎立之势。

按目前的表现来看安井食品已初现曹魏之势，简单分析如下。

6 年来，销售与盈利持续双增长。

2019 年、2020 年及 2021 年，安井食品营业收入分别为 52.67 亿元、69.65 亿元、92.72 亿元，同比增长 23.66%、32.25%、33.12%，净利润分别 3.73 亿元、6.04 亿元、6.82 亿元。虽然受 2022 疫情影响，但是安井食品前三季度销售仍然呈现了乐观的两位数增长态势。2022 年前三季度，安井食品实现营业收入 81.56 亿元，同比增长 33.78%；归属于上市公司股东的净利润为 6.89 亿元，同比增长 39.62%。

市场占有率不断攀升。

据悉，2021 年安井食品已占到国内速冻火锅料 45% 的市场份额。2022 年底笔者应邀参加了安井食品策略交流电话会，虽然 2022 受疫情影响，安井的销售反而呈现可观的增长，很大一方面的原因是抢占了竞争对手的业务和市场。

贴牌+自产+并购的模式。

安井采取"贴牌+自产+并购"三路并进模式，在贴牌模式上，冻品先生继续整合上游供应链，产品以"C 端为主，BC 兼顾"，聚焦普适性强的川湘菜；自产方面，"安井小厨"独立事业部，通过现有厂房改造和新增产能，按照"B 端为主，BC 兼顾"模式自产调理类菜肴；并购路线上，以新宏业、新柳伍为代表，利用当地原料优势和行业经验，开展水产类菜肴业务。

多渠道模式齐头并进。

安井在经销商渠道、商超渠道、特通渠道和电商渠道几方面齐头并进。经销商渠道是公司主要渠道，2017—2021 年经销商收入贡献占比维持在 85%。

而且还在不断增长中，2021 年境内经销商新增 464 家，同比增长 45%。

商超渠道依托大润发、沃尔玛、家乐福、麦德龙、永辉、华润万家、物美等、连锁卖场，并且加大终端销售的陈列和推广，C 端销售增长明显。

特通渠道方面，公司直接与呷哺呷哺、海底捞、彤德莱、永和大王、杨国福麻辣烫等餐饮合作，同时与湖北旭乐、浙江瑞松、浙江渔福等休闲食品类上游供应链企业，并与锅圈食汇等新零售客户均建立了长期合作关系。

电商渠道方面，公司挖掘新阵地、新客群、新模式，带来全新发展动力。据悉，安井食品 2021 年的电商销售收入为 1.8 亿。

聚焦大单品发展战略。

除了安井已有的主力产品结构，在预制菜方面更是聚焦目前市面已经成熟的大单品，比如在酸菜鱼、小酥肉上持续发力。

除此之外，另外安井在产能方面的优势也为日后三足鼎立奠定了夯实基础。不过很有意思的是，安井食品虽然是福建的企业，但其创始人以及现任接班人都是河南人。在速冻食品领域以及预制菜板块已经实现了对扎根河南的三全和思念的反超，或许职业化团队又是安井潜在的竞争优势。

如果安井已有三足鼎立中曹魏之势，那么谁将成为预制菜时代的刘备和孙权呢？

刘备三顾茅庐，得诸葛亮辅佐；孙权则有，周瑜荐鲁肃。

所以，谁能成为预制菜时代的刘备和孙权，就看谁能得《隆中对》或是《榻上策》了。这个《隆中对》和《榻上策》即品牌战略！

四 只做先驱，不做先烈

趣店当初豪情壮志布局预制菜，结果没承想"自讨没趣"；舌尖英雄虽有志成为预制菜英雄，奈何却不懂消费者"舌尖"所需；思念"爱烧饭"不到大半年时间，便悄然退烧……

当一部分先驱变先烈，而另一批入局者则在黎明前的黑暗里找寻灯塔。

银食预制菜超市创始人李丽宏曾信心满满表示"未来几年，我们将覆盖293个地级市+1,347个县+30,000多个乡镇"，可以看出银食专注于下沉市场。然而对于有钱、有闲的小镇青年来说，预制菜是否是他的菜，还有待时间来验证。

三餐有料虽然半年斩获三轮融资，但网上有媒体分析"老板注意力不在预制菜，适合玩资本，不适合经营，但有政府支持，比银食要好，但这一批预制菜玩家离先烈也快了……"

珍味小梅园在成立1年后的2021年8月和9月，是创始人蒲文明最煎熬的两个月。因为发现线上似乎很难赚钱，开始思考公司未来战略问题。直到蒲文明定下了，成为预制菜行业中的绝味食品，在社区中开出10,000家珍味小梅园的预制菜门店的战略后，似乎心里才豁达了一些。所以，他在某次接受采访时，发出了这样的感慨："可能现在大家站在这个时间点上，觉得这个赛道很初级，但如果未来三年之后再回头看，可能大家就不会再说这个话了。"

与还在黑夜苦寻灯塔的人相比，第一批"上岸者"似乎并未表现出倍轻松。

作为专业预制菜第一股的味知香，单店盈利下滑、缺乏主力大单品、重点区域呈现饱和之势、品牌明显缺乏战略定位等问题，从而受到投资者的质疑。

作为水产龙头的国联水产押宝预制菜，力求寻求第二增长曲线。新京报官方账号2022年6月6日发文《连亏3年、信披违规，国联水产押注预制菜受多面夹击》称，对于国联水产而言，一方面是要与安井、味知香、千味央厨等竞争对手展开激烈角逐，另一方面则是要面对入局预制菜的餐企、电商平台等市场挤压。

我们不禁会发出这样的疑问：万亿预制菜风口，究竟有多少入局者会成为失败者，谁才是能笑到最后的先驱者？

在此引用《刘润年度演讲 2022：进化的力量》开场图片里一段话分享给大家。

"起得最早的，是理想主义者，跑得最快的，是骗子；胆子最大的，是冒险家；最害怕错过往里钻的，是韭菜。而最后的成功者，或许还没入场……"

作为本书最后一章的最后一部分内容，正处在告别 2022 年，喜迎 2023 兔年之际。我们就来聊聊"只做先驱，不做先烈"这个话题，同时也希望通过本书能让进入预制的玩家，2023 年事业"突飞猛进""大展宏图"！

1 预制菜是一场马拉松赛

在田径跑步项目中有：短距离跑 100 米、200 米、400 米；中距离跑 800米、1,500 米、3,000 米；长距离跑 5,000 米、10,000 米、马拉松 42.195 千米等。

男子 100 米短跑世界纪录者是牙买加著名短跑健将尤塞恩·博尔特，时间为 9 秒 58。男子 10,000 米世界纪录保持者是乌干达的约书亚·切普特盖，时间为 26 分 11 秒;马拉松世界纪录是肯尼亚人基普乔格，在 2022 年柏林马拉松赛上，以 2 小时 01 分 09 秒的成绩取得。人眨一次眼大概是 0.4 秒左右，也就是说我们眨眼 25 次，100 米短跑胜负已分，然而我们要眨眼 18,150 次眼，马拉松才能决出胜负。

如果将上述三位各自领域的世界纪录者放在一起跑一场马拉松，就算尤塞恩·博尔特在前面 100 米健步如飞，或者约书亚·切普特盖持续领先近半个小时，相信最终的胜利还是属于基普乔格。因为尤塞恩·博尔特和约书亚·切普特盖是不可能在正常马拉松中，一直保持相应的速度。

恰好，预制菜就是一场马拉松跑。

我们来简单回顾一下美国预制菜的马拉松赛，一共经历了三个主要发展阶段。

（1）**萌芽期** 经历了 30 年左右，在 20 世纪的 20 年代到 50 年代期间。

（2）**成长期** 又经历了 20 年左右，20 世纪 50 年代至 70 年代，是美国预制菜的高速成长期。

（3）**成熟期** 这个过程更长，大约 40 年，关于美国预制菜的成熟期，从 20 世纪 70 年代算起年至今。笔者对于"至今"的界定是 2012 年，因为那时的 Sysco 销售规模突破 400 亿，成为美国预制菜真正的霸主。

这样算起来，美国预制菜从萌芽到出现寡头垄断，大概经历 90 年。90 年是什么概念？再来 10 个年头就是整整一个世纪了。

日本预制菜从 20 世纪 50 年代开始起步，成熟期和美国差不多。相比美国预制菜发展周期缩短了 30 年，相当于用了 60 年的时间。

给大家分析这个，不是说中国的预制菜的成熟也需要 90 年或者 60 年。中国预制菜的成熟周期肯定要短很多，主要参照以下几个维度。

首先，食品冷链产业和家庭制冷设备发达程度。从相关国家政策可以看出，我国正在积极大力推进冷链产业的发展，相信在未来 3 ~ 5 年即可完成。家庭制冷设备，在我国已经全面普及了。

其次，餐饮标准化和连锁化程度。虽然目前我国标准化和连锁化程度和美国相比还相距甚远，但是这两方面的认知度已经相当高了，而且呈逐年上升趋势，加上还有美国作为参考。同样在未来 3 ~ 5 年都将得到大幅提升。

再则，快节奏的生活方式。"十四五"规划里有一个预期性指标：把常住人口城镇化率，从 2019 年的 60.6%，增长到 2025 年的 65%。这就意味着城市化进程的加快必然会再次加快城市居民的生活方式，这也是未来 3 年左右的事。

最后，国家层面到地方政府的支持。关于对预制菜的政策支持，我们在本章开头已经做过阐述。另外就是 2022 年中央一号文件关于《中共中央、国务院关于做好 2022 年全面推进乡村振兴重点工作的意见》公布，也将再次无形助推预制菜的发展。因为预制菜的源头源自田间，源自乡村。

另一个维度就是结合美国和日本预制菜的发展历程来看，我们差不多处在他们预制菜 20 世纪 90 年代那个时期。

所以，笔者斗胆预言：国内预制菜的成熟需要 20～25 年左右的时间。如果从 2020 年算起，我们还只需要 10～15 年左右的时间。因为，在 2020 年预制菜全面爆发之前，国内预制已经"发育"了大概 10 年的时间。

到 2030 年左右，我国预制菜将全面进入成熟期。而真正出现三足鼎立之势，会在 2035 年左右。

所以对于还未入局预制菜的来说，并不见得是件坏事。如果你真想进入这个赛道，你可以持续关注预制菜行业发展的态势，等到行业出现缝隙的可乘之机时，反而是不错的机会。

当下复合调味品行业已经进入存量博弈时代，很多人认为这个行业很难再有机会。但笔者团队服务了一个专注 B 端餐饮的复合调味品企业，在大家都觉得异常艰难的 2022 年，销售额却实现了逆势增长，增幅为 163%。这家企业就是蜀八方 | 川味餐调。这个企业在 2020 年筹备工厂，2021 年正式投产，当年实现销售额 2,200 万。在大家都觉得异常艰难的 2022 年，销售额却实现了逆势增长，达到了 5,800 万，增幅为 163%。

就在前几天蜀八方的创始人肖正均打电话邀请笔者去参加他们的年会，电话里难掩丰收的喜悦之情。同时表示为了 2023 年突破 1 个亿的小目标，将继续选择和我们合作。因为我们践行了我们悦来品牌战略咨询的口号——销售倍增的品牌战略顾问。

正如润总（刘润）在年度演讲里提到的企业增长公式：企业的增长=自身（内生性变量）+结构（机会性变量）×时代（环境性变量）+意外（随机性变量）。只要我们时刻关注行业的趋势，用战略的眼光去观察，一旦发现时代出现环境性变量的时候，就能找到进入这个行业的最佳机会。

2 不做韭菜，不做先烈

别只看到目前预制菜火，害怕错过赚钱的机会。入局前，先掂量一下自己的能力。

因为"最害怕错过往里钻的，是韭菜"。韭菜注定要被人收割。

韭菜为什么会被人收割，根源在于认知低、能量低。因为认知低，很多东西对他们而言存在知识盲区，超出自我认知。

自古以来，都是认知层次高、能量强的人主导潮流，即高纬打击低纬。当一样事物被高纬度的游戏规则制定者营造出一种潮流的时候，那么追随者，必然就会成为引领者的韭菜被收割，从而助长强的人能量更强，进而收割更多的韭菜。

什么样的人会成为韭菜，大概有以下几类。

第一类，片面的人，看待事物比较主观。这类人往往不能较为客观和全面地看待问题，不喜欢对行业做充分的调研，看事物看表象。

第二类，急功近利的人，妄图短时间暴富的人。这类人抱着买彩票的心理，往往期望一夜暴富。缺乏长期主义精神，把生意更多当作赌博。

第三类，割韭菜者，割韭菜者沦为韭菜。这类人眼里看其他人都是韭菜，所以在设计模式的时候往往都是割韭菜，殊不知最后自己沦为韭菜。

如果不想成为预制菜的韭菜和先烈，以下几点建议或有帮助。

第一点：对预制菜做一个全面的了解，然后对自己做一个全面、深入的剖析，如果你要入局预制菜，具备什么样的优势。

目前国内预制菜主要有五类玩家，和他们做一个比较，给自己打一个分。至于打分标准可以参考本书第三章关于对他们的解析。假设他们的分值为8分，如果你连6分都达不到的话，建议慎重考虑了。

第二点：做一个长期主义坚持者。不管当下关于预制菜的争论也好，反对也罢，要相信预制菜的到来一定是不可逆的。

我们看看全球三次工业革命，那就是高效率的生产方式必然淘汰落后的生产力。而预制菜就是提高效率的革命，提高餐饮生产效率，提升家庭时间效率。但是每一次推动效率提升的革命，根本原因在于新的技术出现。第一次工业革命，是蒸汽机技术；第二次工业革命，是内燃机技术；第三次工业革命，是运算能力技术。

笔者在书中提过所认可的对预制菜的定义："预制菜是后厨工业革命的衍生品"。

当下预制菜之所以没有真正对传统方式"革命"，因为还有待技术性的革新和突破。比如酸菜鱼预制菜复热后"一团糊状"，让消费者排斥的"海克斯科技"派等。

所以预制菜在技术上的突破，是需要长期主义坚持，最终成为先驱。如果抱着投机取巧，浑水摸鱼的心态入局，必然成为先烈。

第三点：少套路，多实诚。虽然我们看到近几年资本对预制菜的追捧，但是套路者多，务实者少。

资本的本质是逐利，这并无可厚非。就像一把菜刀，握在米其林大厨手里，就能成就饕餮盛宴。但如果被别有用心的人拽在手里，可能会带来恐慌性的灾难。

预制菜是的本质是实体，是食品加工制造业。不是互联网产业，所以不能用追逐互联网的套路来玩预制菜。纵使你有"钞能力"，在玩套路割人韭菜的时候，最终自己也将沦为这条路上的先烈。

现在刚过 2023 年，还有 7 年左右的时间就迎来国内预制菜全面成熟期。在这个阶段，有的玩家虽掘得预制菜的第一桶金，但随着预制菜行业逐步变得理性，我们也要戒骄戒躁，理性看待预制菜未来发展。

3 重视品牌战略

我们又来话说三国。

曹操的崛起是采纳了荀彧提出的"挟天子以令诸侯"的战略方针，而刘备则是依靠汉室皇叔身份，打着"匡扶汉室"的口号赢得老百姓的支持。"挟天子以令诸侯"就相当于抢占了渠道的主动权，所以说曹操的战略重心是渠道制胜。而刘备在长坂坡之战败于曹操后，却不忍心丢下百姓，凭借"仁义"赢得百姓口碑。只可惜刘备在取得益州以及关羽被杀后，"仁义"被抛之脑后，最终在夷陵之战大败，从此蜀汉元气大伤。

纵观历史长河，得百姓支持，江山社稷稳。企业经营，受消费者喜爱，市场占有率高。而要得到消费者支持，则需要制定正确的品牌战略，抢占消费者心智认知。

有很多讲品牌战略的书，本书在第六章里结合案例也做了一个干货分享。在这里，就不讲关于如何制定品牌战略的相关方法，而是从另外三个维度给大家做一个分享。

当下很多老板都认识到品牌战略的重要性，但如何真正制定有效的战略，估计还是有很多人没有搞明白。

（1）**品牌战略是一把手工程**　在营销圈及企业界有这么一句话经常被提及，"即使公司在大火中化为灰烬，那么一夜之间会马上重建起来"，说的就是可口可乐。这句话的意思是，品牌是最值钱的资产。

所以，品牌战略是一把手工程，必须由董事长亲自抓。只有掌舵人亲自参与并真正领悟到真谛，才能对经营取舍做出难而正确的取舍，才有调动所有资源来匹配战略落地的足够指挥权。

（2）**如何选择战略咨询公司**　很多企业家在选择品牌战略咨询公司时，都抱着看病找专家的心理。医学专家确实是靠成千上万的病人案例累积出来的经验。知名的品牌战略咨询公司，确实也服务过很多大企业，有着很多成功的案例。但是大家发现一个问题没有，医学专家是分专科的。你让骨科专家去给一个心脏有严重问题的病人做治疗，会是什么结果呢？

很多知名的品牌战略咨询公司在为客户做咨询的时候，都要求客户聚焦，做取舍。砍掉无关业务，哪怕这个业务很赚钱。就好比，他给你的定位是骨科专家，来了一个心脏有问题的病人，你一定不能接诊。因为你是骨科专家，你应该建议这个病人去对应的心内科或心外科就诊。

但是，有没有发现，少有咨询公司聚焦某一专业领域的。也就是说大多数咨询公司是不会聚焦某个或与之聚焦行业相关联的行业，只要是品牌咨询业务都接，就有点类似全科医生或者急诊科医生的感觉。

所以，决定战略的正确性与否，很大程度与你选择的战略咨询公司有直接关系。

（3）如何判定战略的正确性　品牌战略，无形也无影。它不像某个具象的产品，很直观，可以通过多维度的测评做出判定。那么作为一把手亲自抓的品牌战略，又如何去评判咨询公司帮你制定的战略是否正确呢？

有相关专家给出了判定战略正确与否的检查清单，摘录了其中一部分：

①你对客户痛点和竞争态势产生了独特见解了吗？

②你的审时度势让你产生了关键的指导方针了吗？

③你拥有了独特的、创新的、与众不同的活动可以帮助你赢吗？

如果按照这个标准去评判的话，对于大多数一把手来说难度系数相当大。为什么？因为太专业了。就如同你去找医生看病，医生给你一堆专业医学标准让你自查，道理是一样的。

这也是为什么大多数品牌战略咨询公司都会先开展相关培训，再为企业制定战略。然而事实是，就算一把手和企业高管参加完相关培训后，还是很"蒙"。通常的结果是，一听都会（简单），一用都废（无从下手）。

那么，当咨询公司把战略制定出来后，一把手如何评判其正确性？

笔者给出以下几个维度，作为一把手的你，试着去尝试一下。

首先，忘掉自己的角色。很多人会说，没有人会比一把手更了解自己的企业。其实我不太认同这句话。就像大家常说，没有人比你更了解自己的身体一样。扪心自问，你真的了解你自己的身体吗？

所以判定战略正确与否，别把自己当做最了解企业的那个人，忘掉自己的角色。

其次，站在旁观者角度去思考。怎么去理解？就是说这个战略不是给你的企业制定的，而是给你的同行制定的，甚至是给你的竞争对手制定的。你站在局外人的角度，基于你对这个行业的了解，你如何看待这个战略。

再则，站在消费者角度去思考。即使品牌战略后期落地，消费者也是看不到品牌战略的。那么如何站在消费者角度去思考？我们在讲"好广告语，事半功倍"时特别强调过，品牌广告语是品牌战略的承载与体现。就像消费者并不知道王老吉的品牌战略是"预防上火的饮料"，但当消费者听到"怕上火，喝王老吉"这句广告语时，会引发其关注和购买的促动。所以，一把手也可以把自己当做一个消费者，当你看到咨询公司给你制定的品牌广告语，能否引发你的关注和唤起你购买的欲望。

最后，小范围测试。找品牌战略报告里的目标客群，小范围测试。这个测试方法，同样是用品牌口号做测试。只需要告诉被测试者品牌名+品类名+品牌广告语即可。就如同：牛百碗 | 老成都担担面 | 一碗面，吃成都，观察被测试者的第一直观反映。

（4）2B 业务到底需不需要品牌战略　一直以来关于开展 2B 业务的品牌需不需要品牌战略争论不休，因为在这类企业的一把手眼里，2B 业务主要依靠渠道，而不是依靠 C 端拉动，所以不需要制定品牌战略。

之所以会这样想，因为存在一些认知的误区。

首先，虽然 C 端里的 C 是 Customer 的简称，但 C 端不是唯一的顾客。B

端的决策者就是你的顾客，既然他是顾客，难道不存在心智认知问题？

其次，认为 B 端业务，尤其是餐饮 B 端业务渠道特殊性，品牌是不可能在 C 端展现。梅林午餐肉难道不是在 C 端建立了品牌认知，倒逼 B 端的？英特尔的处理器、博世 ABS 不也是占领 C 端心智认知，才成为 2B 品牌的王者？

再则，未来占领 C 端心智认知，造就 B 端强势品牌趋势愈发明显。不知大家有没有发现这样一种现象，随着餐饮明厨亮灶的流行，越来越多的餐饮品牌开始为顾客展现自己所使用的大牌原材料。农夫山泉、金龙鱼、五常大米的身影是否经常出现在餐厅出餐处的显眼位置。

相信未来会涌现一大批 2B 业务的预制菜品牌，通过建立 C 端品牌认知成为强势品牌，最终摆脱渠道的绑架！

刚才提到笔者团队服务的一个 2B 客户蜀八方 | 川味餐调，建厂第二年实现了 163% 销售额的高速增长。这家企业就非常重视品牌战略，因为明白只有通过成功的品牌战略制定，才能从红海的复合调味品市场中分得一杯羹。

我们当初为其从复合调味品到餐饮调味品再到川味餐饮调味品，做了一个品类的分化。这里简单阐述这个品类分化的逻辑，作为餐饮客户面对众多的品类名为食品企业和调味品企业的时候怎么选？答案是不好选。因为笔者也不知道这些品类名的企业究竟什么是其专长。如果笔者是餐饮商家，肯定首选专业的餐饮调味品制造商。所以聚慧食品进化成了聚慧餐调。但是在餐调这个领域，川味又具有主导地位，火锅、川菜就是最好的佐证。于是蜀八方就聚焦川味餐调。在我们为蜀八方完成这个品类分化后，后面陆续有报道称，未来 10年川味餐调是行业最大的风口。

所以，我们在前面提到蜀八方在 2022 年不景气年头，实现 163% 逆市增长，其实准确说法应该是顺势而为。就如同贯穿润总（刘润）2022 年度演讲的主线，化解意外，穿越周期，锁死趋势，拥抱规划，成为确定性。这个确定性就是你能否拥抱规划，制定成功的品牌战略。

4 只做引领者，不做失败者

刚才我们讲到蜀八方通过品类分化，顺应趋势，实现高速增长。预制菜如何通过品类分化，找准趋势，拥抱未来，成为引领者而不是失败者。

预制菜之所以在 C 端不待见，书中前面部分也分析了很多原因。在这里，笔者想给大家分享一个最为核心的原因——预制菜这个品类在消费者心智中的认知出了问题。

预制菜在 C 端顾客心智认知中，很大程度上已经和"海克斯科技"画上约等号。就如同方便面和炸鸡、汉堡属于垃圾食品，在消费者心智认知是一样的。所以，就算你分化出非油炸方便也摆脱不了。反而是做炸鸡和汉堡的"老爷爷"和"小丑"显得淡定如常，不辩解，也不避讳。

那是不是预制菜也可以参照方便面、炸鸡和汉堡，等消费者习以为常后自然接受呢？

方便面、炸鸡和汉堡这三个品类最开始在国内出现的时候，消费者对其认知并不是垃圾食品。说他们是"奢侈品"有点过了，但作为舶来品的他们在当时的中国地位还蛮高，这倒是真的。后来随着我国居民物质生活和精神生活的全面提升，他们在消费者心智中的认知才开始发生改变，形成了今日"垃圾食品"的认知。

正因为消费者认知的全面提升和信息的对称，所以预制菜大范围出现在消费者眼前时，就被画上了"海克斯科技"的约等号。

所以，预制菜要想重复方便面、炸鸡和汉堡的故事，笔者认为很难。

这就是，为什么王家渡试图推出低温午餐肉，并在产品包装显眼位置标注"拒绝添加：0 色素+0 香精"的原因。

这是不是最好的解决方案呢，再给大家讲一个真实的案例。

书中提到了白象的大骨面，笔者当时所在事业部的情况，和王家渡这个零添加挺类似的。

当时笔者在白象负责面点事业部。主要以"福喜"这个品牌，开设主食连锁店，主打产品是冷鲜馒头和鲜湿面条。走马上任后，发现面点事业部 CEO 这个位置想坐稳真不容易，该事业部在笔者接手前累计亏损近 1 亿元，上一年度亏损 3,300 万元，上一任正是这个原因才不得不离开。但值得一提的是，上一任 CEO 是个人物，曾做过健力宝集团销售总经理，加入白象后做过执行总裁，从白象离职后加入绝味食品并与其一起成功登陆资本市场。

写到这里想表述的一个核心意思是，一旦消费者对品牌认知出了问题，再牛的人也无用武之地。

因为这个项目的核心问题不是高管的问题，而是项目的原点问题，具体来说主要是以下两方面：

（1）品牌认知问题　福喜定位安全主食（冷鲜馒头和鲜面条），在品牌诉求上强调"零添加，才健康"。所以，在产品价格定位上，主打产品馒头 1 元/个，鲜面条 2.5 元 1 斤，而对比当时的主流销售渠道农贸市场的热馒头和四川鲜面条，馒头 0.5 元 1 个，鲜面条 1.7 元 1 斤。显然这样无法感知的卖点，自然是无法支撑 100% 和 50% 的溢价的。

因为对于消费者来说，他们并没有能力识别传统渠道售卖的产品有没有添加，这是需要付出巨大教育成本的，往往消费者只会通过经验和生活常识去判定，所以他们得出的结论是："我一直在这家小店买馒头或面条，没见吃出问题。"

（2）商业模式问题　福喜面食当初第一家试验店，其实是采用的前店后厂的方式直观展示和还原产品生产过程，销售情况还算不错的。

但是，后面为了快速发展，采用连锁专卖+工厂的商业模式。由于当时的运营团队对连锁体系不甚了解，按照制造企业的思维以为当规模起来后，项目就会盈利。

然而事实是，当连锁店开到 300 多家后，不但没盈利，反而亏损越发严重。

因为连锁模式的第一条也是很重要的一条，就是找到单店可复制的盈利模式。而当时的福喜，却走了"癌细胞"疯长的不良模式，同时整个团队也是人心涣散。因为此时专卖店里的产品就成了预包装产品，失去了制作过程的可视化，减少了对顾客购买的号召力，造成没有一个店能够赚钱。

（3）内外兼治减亏 2000 万

首先，大刀阔斧裁员。在项目新的方向没明确前，加上人心涣散的团队，裁员不失为一种好的办法。

其次，大面积关店。仅保留 18 家店铺，一是为了保留品牌市场能见度；二是按照姚董事长的指示，验证升级模式可行性。

再则，调整商业模式。将原来的专卖改为社区便利店经销模式，同时加大 KA 渠道的开发。

最后，也是最核心的关键，重新调整品牌定位。在笔者的主张下（那时刚参加完特劳特的定位培训），提出新的品牌定位：再现儿时原麦香，以及根据这个定位提炼出来的品牌广告语——原麦香，才健康。

因为通过走访消费者，大家认为儿时妈妈做的面食不仅代表好味道，也是健康的味道，而这个味道用一个词来形容就是"原麦香"。

2013 年项目预算亏损 1,650 万，即在上一年度的基础上减亏一半。通过上述调整后，项目最终亏损 1,300 多万，较上一年度减少亏损近 2,000 万元。

（4）敢问福喜路在何方 那段时间看各种数据，在 OA 上处理文件，给姚董事长发邮件实时汇报项目进展经常忙到凌晨一两点。

然而，笔者却很清楚这个项目不管怎么辛苦付出或者做各种尝试，只要还是以连锁为商业模式，都很难实现盈利。建议姚董事长将这个项目转型为面馆连锁，把工厂作为供应链后端或许才是真正的出路。

一是因为当初康师傅私房面馆开得如火如荼；二是当时白象在《湖南卫视》植入了"白象面馆"，很多消费者都以为白象也要开面馆了；三是只有前端转型为餐饮，产品才能通过服务等因素彰显附加值。

在和姚董事长多次建议后，姚董事长异常坚定地回答：只做食品，不做餐饮！

在佩服姚董事长坚定信念的同时，也加速了笔者离开的决心。

之所以陈年往事再提，一是想告诉大家消费者心智认知对于品牌乃至品类的重要性，二是这也是由先驱变先烈的真实案例。

消费者的心理认知一旦形成很难改变，那是不是就没有其他或者更好的办法了呢？定位之父特劳特给了我们答案，他讲了另外一个很重要的观点——认知大于事实。

我们在书中也讲过，预制小龙虾、预制酸菜鱼成了预制菜的爆品，难道它们不是预制菜吗？肯定是！

我们再来回顾一下信良记，信良记 | 小龙虾，品牌广告语——餐厅的味道，一半的价格。

大家发现端倪没？消费者是因为接受小龙虾这个品类，才去找寻，在找寻过程中被一个叫信良记的品牌的广告——"餐厅的味道，一半的价格"触动了，于是就下单了。买回来以后发现还制作很简单，味道也不错。

至于是不是预制菜，好像也不是很在乎了。

这个案例告诉我们，信良记事实上是预制菜，预制小龙虾。但消费者的认知却是，信良记是好吃且便宜的小龙虾。

所以，C 端消费者不认同的是预制菜这个品类认识，也可以说叫预制菜这种说法，但并不代表消费者不接受他认同的产品是通过预制的形式出现。

关于只做先驱，不做牺牲品失败者就写这么多。其实导致先驱变牺牲品失败者的可能性，不止本章这节所罗列出来的这些因素，还有很多。

其实细心的读者在读完这本书，已有所发现。本书每一章和每一节或许都是在告诉大家，如何成为先驱，而不做先烈！

众星捧月，梦依旧在前方。

最后，愿预制菜赛道里所有的玩家都能迎来成功之花悄然开放，希望之羽顺利展开。那时的你定是意气风发，站在成功之巅！